누구나 읽을 수 있는

수학의 역사

VI

근세 수학사 2

6권에서는 근세수학자의 두 번째 권으로 라플라스, 르장드르, 푸리에, 푸아송, 가우스, 코시, 아벨, 야코비, 해밀턴, 그라스만, 실베스터, 불에 이르기까지 근세에서 가장 가까운 현대 수학 시대의 수학 영웅들이 이룬 확률론, 미적분학, 천체 역학, 열전도, 정수론, 복소 함수, 타원 함수, 사원수, 그래프 이론, 벡터 공간, 행렬, 불 대수 등의 수학적 업적을 중학교 수준의 눈높이에서 역사와 함께 자세히 소개합니다.

정완상 지음

정완상 이론 물리학 교수가 들려주는 수학의 역사책

수학의 영웅들을 역사를 통해 만나보고 그 영웅들이 어떤 수학문제를 골똘하게 생각하고 해결해냈는지를 아는 것은 굉장히 중요합니다.
이를 통해 앞으로 어떤 수학 연구를 해야하는 지를 알 수 있기 때문입니다.

지오북스

| 정완상

저자 정완상은 1985년 서울대학교 무기재료공학과 졸업
1992년 한국과학기술원(KAIST)에서 2차원 초중력 이론으로 이론물리학 박사학위 취득
1992년부터 현재까지 국립경상대학교 기초과학부 물리학전공 교수로 재직
주요 연구 분야는 초중력및 초끈이론과 양자 대칭성이론으로 수학과 물리학의 국제학술지에 120여편의 논문을 발표
2000년에는 진주 MBC에서 생방송으로 [생활속의 과학]코너 진행
2011년에는 EBS에서 '과학의 역사' 20회 강의
그동안 지은 책 : 『아인슈타인이 들려주는 상대성 원리이야기』, 『퀴리 부인이 들려주는 방사능 이야기』, 『과학공화국 물리법정』, 『갈릴레이가 다시 쓰는 이상한 나라의 앨리스』, 『과학방송국』, 『수학탐정 매키와 누팡』 등 100여 권이 있으며 그 중 네 권이 과학기술우수도서로 지정되었음

누구나 읽을 수 있는 수학의 역사 VI
(근세 수학사 2)

초 판 발 행	2025년 11월 01일
저 자	정완상
펴 낸 곳	지오북스
등 록	2016년 3월 7일 제395-2016-000014호
전 화	02)381-0706 / 팩스 02)371-0706
이 메 일	emotion-books@naver.com
홈 페 이 지	www.geobooks.co.kr
I S B N	979-11-94145-33-2
정 가	15,000 원

이 책은 저작권법으로 보호받는 저작물입니다.
이 책의 내용을 전부 또는 일부를 무단으로 전재하거나 복제할 수 없습니다.
파본이나 잘못된 책은 바꿔드립니다.

서문

저는 2004년부터 지금까지 주로 초등학생을 위한 과학 수학 도서를 써왔습니다. 초등학생을 위한 책을 쓰면서 많이 즐겁지만, 한편으로 수학을 사용하지 못하는 점이 많이 아쉬웠습니다. 그래서 수식을 사용할 수 있는 일반인 대상의 수학 과학책을 써 볼 기회가 저에게도 주어지기를 희망해 왔습니다.

저는 1992년 KAIST(한국과학기술원)에서 이론물리학의 한 주제인 〈초중력이론〉으로 박사학위를 받고 운 좋게도 1992년 30세의 나이에 교수가 되어 현재까지 경상국립대학교 물리학과에서 교수로 근무하고 있습니다. 저는 현재까지 300여 편의 논문을 수학이나 물리학의 세계적인 학술지 (SCI 저널)에 게재했고, 여가 시간에는 취미로 집필활동을 합니다.

드디어 한국에도 수학의 노벨상이라고 부르는 필즈상 수상자가 나왔습니다. 이제 많은 수학영재들이 제2의 허준이를 꿈꾸는 시대가 되었습니다.

수학의 영웅들을 역사를 통해 만나보고 그 영웅들이 어떤 수학 문제를 골똘하게 생각하고 해결해냈는지를 아는 것은 굉장히 중요합니다. 이를 통해 앞으로 어떤 수학 연구를 해야 하는지를 알 수 있기 때문입니다. 이것이 바로 수학의 역사를 집필하게 된 목적입니다. 수학의 역사 시리즈를 통해, 최초의 수학자 탈레스부터 한국 최초의 필즈상 수상자 허준이까지를 다루었습니다.

이 책에서 저는 수학자들이 한 일을 역사와 곁들여 다루었습니다. 그들이 한 수학적 업적을 중학교 정도의 수학으로 이해할 수 있도록 다루어 보았습니다. 이 책은 미래의 필즈상을 꿈꾸는 학생들이나 수학 영웅들의 이야기에 관심이 많은 일반인들이 읽을 수 있도록 꾸며 보았습니다. 조금 어려운 내용은 네이버 카페 〈정완상교수의 수학과학 창작 콘텐츠〉에 자료로 올려놓았습니다.

6권에서는 근세수학자의 두 번째 권으로 라플라스, 르장드르, 푸리에, 푸아송, 가우스, 코시, 아벨, 야코비, 해밀턴, 그라스만, 실베스터, 불에 이르기까지, 다양한 시대의 수학 영웅들이 이룬 확률론, 미적분학, 천체 역학, 열전도, 정수론, 복소 함수, 타원 함수, 사원수, 그래프 이론, 벡터 공간, 행렬, 불 대수 등의 수학적 업적을 중학교 수준의 눈높이에서 역사와 함께 자세히 소개합니다.

끝으로 이 책의 출간을 결정해준 지오북스의 김남우 사장과 직원들에게 감사를 드립니다. 그리고 프랑스 수학자들의 원문 번역에 도움을 준 아내에게 감사를 드립니다. 그리고 이 책을 쓸 수 있도록 멋진 수학을 만들어 낸 수학사의 영웅들에게도 감사를 드립니다.

진주에서 정완상 교수

목차

제 4 장	라플라스, 르장드르	**8**
제 5 장	푸리에, 푸아송	**34**
제 6 장	수학의 왕 가우스와 코시	**58**
제 7 장	아벨과 야코비	**86**
제 8 장	해밀턴, 그라스만, 실베스터, 불	**98**

제4장
라플라스, 르장드르

프랑스의 수학자이자 천문학자인 피에르시몽 라플라스는 확률론, 통계학, 미분 방정식, 천체 역학 등 다양한 분야에서 중요한 업적을 남겼습니다. 그의 동료이자 천문학 연구가였던 아드리앵마리 르장드르는 르장드르 다항식을 발견했습니다.

4-1 라플라스

이제 프랑스 나폴레옹 시대의 위대한 수학자 라플라스의 이야기를 해보자.

(Pierre-Simon, marquis de Laplace 1749 - 1827 프랑스)

라플라스는 1749년 노르망디 보몽타노주(Beaumont-en-Auge)에서 태어났다. 라플라스의 아버지는 지방 교회의 관리인이었다. 라플라스는 삼촌이 교사로 있는 베네딕트 수도회 학교를 나녔다.

라플라스는 1765년에 16세의 나이로 캉 대학교에 입학했다. 라플라스는 아버지의 뜻대로 신학을 공부하려고 입학했다가 수학으로 관심을 돌렸다. 라플라스 시대에 캉은 노르망디에서 제일 지적으로 활발한 지역이었다. 라플라스는 여기서 교육받았고, 교수가 된 것이다. 이곳에서 라플라스는 첫 논문을 토리노 왕립 학회의 학회지 <멜랑주 Mélanges>에 출판했다. 1765년, 16세에 라플라스는 보몽앙오주 오를레앙공작 학교를 졸업했고, 캉 대학교에서 공부했다.

1769년에 19세의 라플라스는 파리로 가서 수학을 배우기 위해 수학자 달랑베르를 만났다. 달랑베르는 라플라스를 매우 귀찮아해서 두꺼운 수학책을 던져주고, 이걸 다 읽으면 만나자고 했다. 라플라스가 며칠 안 되어 달랑베르를 만나러 오자 달랑베르는 라플라스가 단 며칠 만에 그 책을 읽었을 리 없다고 생각하고 화를 냈다. 하지만 달랑베르가 책 내용에 대해 질문을 하자 라플라스는 거침없이 대답했고, 이를 통해 그는 달랑베르에게 인정을 받았다.

라플라스는 달랑베르의 소개를 받아 1771년부터는 파리 군관학교에서 교편을 잡았다. 1799년 11월 9일에 나폴레옹 보나파르트는 브뤼메르 18일 쿠데타로 권력을 잡았고, 곧 1799년 11월 12일에 라플라스를 내무부 장관으로 임명했다. 그러나 같은 해 12월 25일에 나폴레옹은 라플라스를 해고했다. 나폴레옹은 자서전에서 이에 대해 다음과 같이 적었다.

(Jean-Baptiste Le Rond d'Alembert 1717 - 1783 프랑스)

    라플라스는 수학자로는 일류이지만 관리능력은 평균 이하이다. 첫 사무를 본 후 실수를 한 라플라스는 어떤 비판도 받아들이지 않았다. 그는 모든 곳에서 사소한 트집을 잡았고 그의 모든 아이디어가 결함투성이였다.

    라플라스가 내무부 장관에서 해고됐지만, 나폴레옹과 라플라스는 서로 진

밀한 관계를 유지했다. 나폴레옹은 1799년 12월 24일에 그를 상원의원에 추대했으며, 1806년에 백작 작위를 수여했다. 라플라스는 자신의 저서 <천체역학 Mécanique céleste>를 나폴레옹에게 헌정하였다.

(Napoléon Bonaparte 1769 - 1821 프랑스)

수학에서 라플라스가 한 위대한 업적은 크게 두 가지로 하나는 라플라스 변환이고 다른 하나는 라플라스 방정식이다.

4-2 라플라스 방정식

라플라스는 뉴턴의 중력이론을 열심히 공부했다. 그는 1783년부터 천체역학에 관한 논문을 여러 편 발표했다. 이 논문들에서 그는 행성의 타원 궤도의 모양이 달라질 수 있다는 것을 알아냈다. 또한 지구 주위를 도는 달의 가속도를 계산했고, 행성의 운동에 다른 천체들이 미치는 영향에 대해 계산했고, 혜성의 궤도도 연구했다.

라플라스는 뉴턴의 중력이론을 이용해 천체 역학책을 쓰는 과정에서 중력에 대한 퍼텐셜에너지 $V = -G\dfrac{Mm}{r}$ 가 다음과 같은 방정식의 해가 된다는 것을 알아냈다.

$$\dfrac{\partial^2 V}{\partial x^2} + \dfrac{\partial^2 V}{\partial y^2} + \dfrac{\partial^2 V}{\partial z^2} = 0 \qquad (4\text{-}2\text{-}1)$$

이것을 라플라스 방정식이라고 부른다.

라플라스의 <천체역학>은 행성의 궤적에 관한 관측 데이터를 토대로 미분방정식을 이용해 저술한 천체물리학 최초의 교과서이다. 그는 이 책에서 확률분포를 이용한 미래의 천문학 모형도 만들었다.

목성의 위성들에 대한 식 현상(이클립스) 테이블

4-3 라플라스 확률분포

라플라스는 확률론에도 관심이 많았다. 그는 라플라스 분포라고 부르는 새로운 연속확률 분포를 생각했다. 그것은 다음과 같은 확률밀도 함수를 생각했다.

$$P(x) = ce^{-a|x|} \quad (c > 0, a > 0) \qquad (4\text{-}2\text{-}1)$$

그는 확률의 총합이 1 이라는 식으로부터

$$\int_{-\infty}^{\infty} ce^{-a|x|}dx = 1 \qquad (4\text{-}2\text{-}2)$$

를 요구했다. 이것은 우함수의 적분이므로

$$2c\int_{0}^{\infty} e^{-ax}dx = 1$$

이 되어,

$$\frac{2c}{a} = 1 \qquad (4\text{-}2\text{-}3)$$

을 만족한다. 그는 이 확률분포에서 평균과 분산을 구했다. 평균은

$$<x> = c\int_{-\infty}^{\infty} xe^{-a|x|}dx = 0 \qquad (4\text{-}2\text{-}4)$$

가 되고, 분산(표준편차 σ의 제곱)은

$$\sigma^2 = c\int_{-\infty}^{\infty} x^2 e^{-a|x|}dx$$

$$= 2c\int_{0}^{\infty} x^2 e^{-ax}dx$$

$$= \frac{2}{a^2}$$

이 된다. 그러므로 평균이 0이고 표준편차가 σ인 라플라스 분포의 확률밀도 함수는

$$P(x) = \frac{1}{\sqrt{2}\sigma}e^{-\frac{\sqrt{2}}{\sigma}|x|} \qquad (4\text{-}2\text{-}5)$$

가 된다. 다음 그림은 라플라스 분포의 그래프이다.

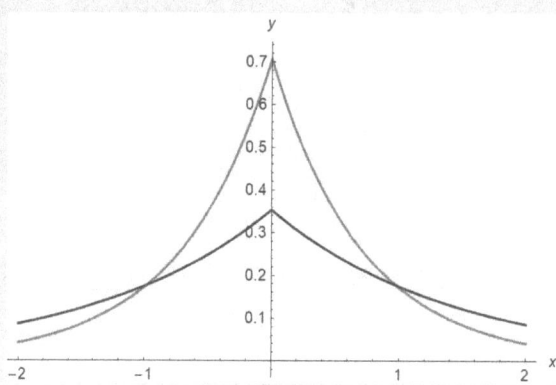

위 그림에서 핑크색은 $\sigma = 1$인 경우를 갈색은 $\sigma = 2$인 경우를 나타낸다.

4-4 라플라스 변환

라플라스는 적분을 이용해 주어진 함수를 다른 모양의 함수로 바꾸는 라플라스 변환을 알아냈다. 함수 $F(t)$의 라플라스 변환을 $L(F(t))$라고 쓰는 데 다음과 같이 정의된다.

$$L(F(t)) = \int_0^\infty e^{-st} F(t) dt \quad (s > 0) \qquad \text{(4-3-1)}$$

$F(t)$의 라플라스 변환을 $f(s)$라고 할 때 $F(t)$를 $f(s)$의 역라플라스 변환이라고 부르고 $L^{-1}(f(s))$라고 쓴다.

라플라스는 오일러의 감마 함수를 이용해, n이 자연수일 때

$$L(t^n) = \frac{n!}{s^{n+1}} \qquad \text{(4-3-2)}$$

가 된다는 것을 알아냈다. 그 외에도 그는 다음과 같은 라플라스 변환을 알아냈다.

$$L(e^{at}) = \frac{1}{s-a} \qquad \text{(4-3-3)}$$

$$L(\sin at) = \frac{a}{s^2 + a^2} \qquad \text{(4-3-4)}$$

$$L(\cos at) = \frac{s}{s^2 + a^2} \qquad \text{(4-3-5)}$$

(4-3-3)을 증명해보자. 라플라스 변환의 정의로부터,

$$L(e^{at}) = \int_0^\infty e^{-st}e^{at}dt = \int_0^\infty e^{-(s-a)t}dt = \frac{1}{s-a}$$

이 된다.

이번에는 (4-3-5)를 증명해보자. 오일러 등식으로부터

$$L(\cos at) = L(\frac{1}{2}(e^{iax} + e^{-iax}))$$

$$= \frac{1}{2}\left(\frac{1}{s-ia} + \frac{1}{s+ia}\right)$$

가 되고 분모를 통분하면

$$L(\cos at) = \frac{1}{2}\frac{s+ia+s-ia}{(s-ia)(s+ia)}$$

$$= \frac{s}{s^2 - (ia)^2}$$

$$= \frac{s}{s^2 + a^2}$$

이 된다.

라플라스는 어떤 함수의 미분의 라플라스 변환이 다음 규칙을 따른다는 것을 알아냈다.

- $F(t)$의 라플라스 변환을 $f(s)$라고 하면 다음이 성립한다.

$$L(F'(t)) = sf(s) - F(0)$$

이것을 증명해보자. 라플라스 변환의 정의에 의해

$$L(F'(t)) = \int_0^\infty F'(t)e^{-st}dt$$

가 되고, 부분적분을 이용하면

$$L(F'(t)) = [F(t)e^{-st}]_0^\infty - \int_0^\infty F(t)(-s)e^{-st}dt$$

$$= -F(0) + s\int_0^\infty F(t)e^{-st}dt$$

$$= sf(s) - F(0)$$

가 된다.

미분의 라플라스 변환을 이용하면 미분방정식을 쉽게 풀 수 있다. 다음 예를 보자.

$$\frac{dy}{dt} + y = e^{2t}, \quad y(0) = 1$$

주어진 미분방정식에 라플라스 변환을 취히면

$$L(\frac{dy}{dt} + y) = L(e^{2t})$$

또는

$$L(\frac{dy}{dt}) + L(y) = L(e^{2t})$$

이 된다. $L(y(t)) = f(s)$라고 하면

$$L(\frac{dy}{dt}) = sf(s) - y(0) = sf(s) - 1$$

이 된다. 그러므로

$$sf(s) - 1 + f(s) = \frac{1}{s-2}$$

이 되고, 이 식을 정리하면

$$(s+1)f(s) = 1 + \frac{1}{s-2}$$

가 되고, 양변을 $s+1$로 나누면

$$f(s) = \frac{1}{s+1} + \frac{1}{(s+1)(s-2)}$$

가 되고,

$$\frac{1}{(s+1)(s-2)} = \frac{1}{3}\left(\frac{1}{s-2} - \frac{1}{s+1}\right)$$

이 되니까

$$f(s) = \frac{1}{3} \cdot \frac{1}{s-2} + \frac{2}{3} \cdot \frac{1}{s+1}$$

이 된다. $y(t)$는 $f(s)$의 역 라플라스 변환이니까

$$y(t) = L^{-1}\left(\frac{1}{3} \cdot \frac{1}{s-2} + \frac{2}{3} \cdot \frac{1}{s+1}\right)$$
$$= \frac{1}{3}e^{2t} + \frac{2}{3}e^{-t}$$

이 된다.

4-5 르장드르와 르장드르 다항식

이제 프랑스의 수학자 르장드르가 만든 르장드르 다항식에 관한 이야기를 해보자.

(Adrien-Marie Legendre 1752 - 1833 프랑스)

르장드르는 1752년 9월 18일 파리의 부유한 가정에서 태어났다. 그는 파리의 마자랭 대학(Collège Mazarin)에서 교육을 받았다. 그는 1775년부터 1780년까지 파리의 École Militaire에서, 1795년부터 École Normale에서 학생들을 가르쳤다. 1782년 르장드르는 저항이 있는 매질을 통과하는 투사체에 대한 연구 논문을 발표했다.

1784년부터 1790년 사이 르장드르는 파리 천문대와 영국 왕립 그리니치 천문대 사이의 정확한 거리를 삼각법으로 계산했다. 이를 위해 1787년에 그는 런던을 방문해 천왕성을 발견한 윌리엄 허셜을 만났다.

르장드르는 1793년 프랑스 혁명 동안 개인 재산을 잃었다. 1795년 그는 Académie des Sciences의 수학 연구자 6명 중 한 명이 되었다. 수학을 사랑했던 나폴레옹은 1803년에 국립 연구소를 만들었고, 르장드르는 기하학 연구부의 연구원이 되었다.

르장드르는 타원 함수에 관한 연구, 최소 제곱법에 관한 연구, 감마 함수의 연구 등의 수많은 연구를 했다. 특히 그는 1830년에 $n=5$인 경우에 대한 페르마의 마지막 정리를 증명했다.

르장드르는 수학의 역사에서 자신의 이름이 붙는 재미있는 다항식을 발견한다. 이 다항식은 르장드르 다항식이라고 부른다. 이제 르장드르 다항식이 어떻게 탄생하는지 알아보자.

르장드르는 라플라스의 천체역학연구 과정을 보면서 우주 속의 천체들이 두 개 이상 있으므로 각 천체들 사이의 중력을 구하는 일이 필요했다. 르장드르는 질량이 m_1, m_2 인 두 천체의 위치가 다음과 같이 주어지는 경우를 생각했다.

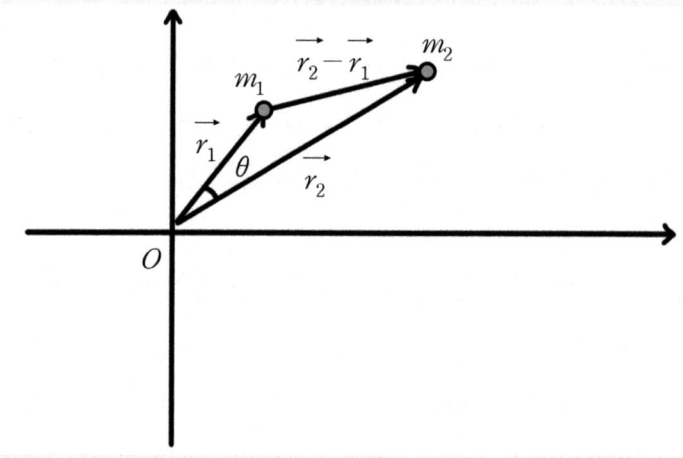

이때 질량이 m_2 인 천체가 질량 m_1 으로부터 받는 중력에 의한 퍼텐셜에너지는

$$V = -G\frac{m_1 m_2}{|\vec{r_2} - \vec{r_1}|} \tag{4-4-1}$$

이 된다. 여기서 $|\vec{r_1}| = r_1, |\vec{r_2}| = r_2$ 라고 하면, 코사인 정리[1]로부터,

$$|\vec{r_2} - \vec{r_1}| = \sqrt{r_1^2 + r_2^2 - 2r_1 r_2 \cos\theta} \tag{4-4-2}$$

로 주어진다. 그러므로 (4-4-1)은

---

1) 1권 참고

$$V = -G\frac{m_1 m_2}{\sqrt{r_1^2 + r_2^2 - 2r_1 r_2 \cos\theta}} \qquad (4\text{-}4\text{-}3)$$

이 된다. 이때 $r_2 > r_1$인 경우를 생각하자. 이때

$$\sqrt{r_1^2 + r_2^2 - 2r_1 r_2 \cos\theta} = r_2\sqrt{1 + \left(\frac{r_1}{r_2}\right)^2 - 2\left(\frac{r_1}{r_2}\right)\cos\theta}$$

가 되므로

$$V = -G\frac{m_1 m_2}{r_2} \cdot \frac{1}{\sqrt{1 + \left(\frac{r_1}{r_2}\right)^2 - 2\left(\frac{r_1}{r_2}\right)\cos\theta}} \qquad (4\text{-}4\text{-}4)$$

가 된다.

르장드르는 여기서

$$g(x,t) = \frac{1}{\sqrt{1 - 2xt + t^2}} \qquad (4\text{-}4\text{-}5)$$

라는 함수를 생각했다. 그러므로

$$V = -G\frac{m_1 m_2}{r_2} g\left(\cos\theta, \frac{r_1}{r_2}\right) \qquad (4\text{-}4\text{-}6)$$

이 된다. 르장드르는 (4-4-5)를 t에 대해 전개하고 그 계수를 다음과 같이 두었다.

$$g(x,t) = \frac{1}{\sqrt{1-2xt+t^2}}$$
$$= P_0(x) + P_1(x)t + P_2(x)t^2 + P_3(x)t^3 + \cdots$$

또는

$$g(x,t) = \frac{1}{\sqrt{1-2xt+t^2}} = \sum_{l=0}^{\infty} P_l(x)t^l \qquad (4\text{-}4\text{-}7)$$

이때 $P_0(x), P_1(x), P_2(x), \cdots$를 르장드르 다항식이라고 부른다.

이제 $g(x,t) = \dfrac{1}{\sqrt{1-2xt+t^2}}$를 어떻게 t에 대해 전개하는 방법을 알아보자. 먼저 다음과 같이 놓자.

$$A = t^2 - 2xt$$

그러면

$$\frac{1}{\sqrt{1-2xt+t^2}} = \frac{1}{\sqrt{1+A}}$$

이 된다. 우선 $\dfrac{1}{\sqrt{1+A}}$를 A에 대해 전개해야 하므로

$$\frac{1}{\sqrt{1+A}} = b_0 + b_1 A + b_2 A^2 + b_3 A^3 + \cdots$$

라고 두자. 양변을 제곱하면

$$\frac{1}{1+A} = (b_0 + b_1 A + b_2 A^2 + b_3 A^3 + \cdots)^2$$

이 된다.

$$\frac{1}{1+A} = \frac{1}{1-(-A)}$$

는 첫째항이 1이고 공비가 $-A$인 무한등비급수이므로

$$\frac{1}{1+A} = 1 + (-A) + (-A)^2 + (-A)^3 + \cdots$$

$$= 1 - A + A^2 - A^3 + \cdots \qquad (4\text{-}4\text{-}8)$$

가 된다. 한편

$$(b_0 + b_1 A + b_2 A^2 + b_3 A^3 + \cdots)^2$$
$$= (b_0 + b_1 A + b_2 A^2 + b_3 A^3 + \cdots)(b_0 + b_1 A + b_2 A^2 + b_3 A^3 + \cdots)$$
$$= b_0^2 + 2b_0 b_1 A + (b_1^2 + 2b_2 b_0) A^2 + (2b_1 b_2 + 2b_0 b_3) A^3 + \cdots \qquad (4\text{-}4\text{-}9)$$

식(4-4-8)과 식(4-4-9)를 비교하면

$$b_0^2 = 1$$
$$2b_0b_1 = -1$$
$$b_1^2 + 2b_2b_0 = 1$$
$$2b_1b_2 + 2b_0b_3 = -1$$

이 된다. 이 식을 풀면

$$b_0 = 1$$
$$b_1 = -\frac{1}{2}$$
$$b_2 = \frac{3}{8}$$
$$b_3 = -\frac{5}{16}$$

이 된다. 그러므로

$$\frac{1}{\sqrt{1+A}} = 1 - \frac{1}{2}A + \frac{3}{8}A^2 - \frac{5}{16}A^3 + \cdots$$

이 된다. 그러므로

$$\frac{1}{\sqrt{1-2xt+t^2}}$$

$$= 1 - \frac{1}{2}(t^2 - 2xt) + \frac{3}{8}(t^2 - 2xt)^2 - \frac{5}{16}(t^2 - 2xt)^3 + \cdots$$

$$= 1 + xt + \left(\frac{3}{2}x^2 - \frac{1}{2}\right)t^2 + \left(\frac{5}{2}x^3 - \frac{3}{2}x\right)t^3 + \cdots$$

가 된다. 따라서 르장드르 다항식은 다음과 같다.

$$P_0(x) = 1$$

$$P_1(x) = x$$

$$P_2(x) = \frac{3}{2}x^2 - \frac{1}{2}$$

$$P_3(x) = \frac{5}{2}x^3 - \frac{3}{2}x$$

따라서 퍼텐셜에너지는

$$V = G\frac{m_1 m_2}{r_2}$$

$$\left[P_0(\cos\theta) + P_1(\cos\theta)t + P_2(\cos\theta)\left(\frac{r_1}{r_2}\right)^2 + P_3(\cos\theta)\left(\frac{r_1}{r_2}\right)^3 + \cdots\right]$$

이 된다.

4-6 르장드르의 타원적분

이제 르장드르에 의해 처음 연구된 타원적분에 대해 알아보자. 타원적분은 이름에서 알 수 있듯이 타원과 관계된다. 즉 타원의 호의 길이를 계산하는 과정에서 타원적분이 나타난다. 다음과 같은 타원[2])의 방정식을 보자.

$$\frac{x^2}{a^2}+\frac{y^2}{b^2}=1 \tag{4-5-1}$$

여기서 $b>a$인 경우를 생각하자. 이 경우 타원의 그래프는 다음과 같다.

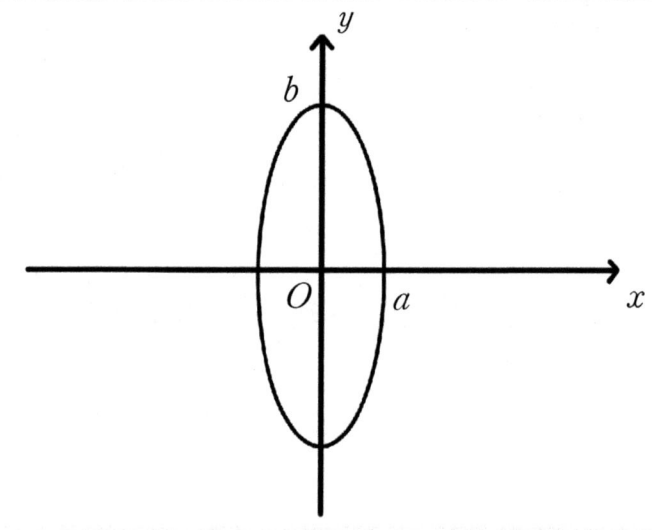

---

2) 1권 참고

타원 위의 한 점 (x,y)는 다음과 같이 각 θ에 의해 표현될 수 있다.

$$x = a\cos\theta$$

$$y = b\sin\theta \qquad (4\text{-}5\text{-}2)$$

이제 1사분면[3])에 있는 타원의 호의 길이를 C라고 하자. 이 호의 길이에 대응되는 θ는 0부터 $\dfrac{\pi}{2}$까지이다. 그러므로

$$C = \int_{\theta=0}^{\pi/2} \sqrt{dx^2 + dy^2} \qquad (4\text{-}5\text{-}3)$$

한편,

$$dx = -a\sin\theta\, d\theta$$

$$dy = b\cos\theta\, d\theta \qquad (4\text{-}5\text{-}4)$$

이므로,

$$C = \int_{\theta=0}^{\pi/2} \sqrt{a^2\sin^2\theta + b^2\cos^2\theta}\, d\theta$$

가 되고, 다시 쓰면,

$$C = \int_{\theta=0}^{\pi/2} \sqrt{b^2 - (a^2 - b^2)\sin^2\theta}\, d\theta \qquad (4\text{-}5\text{-}5)$$

---

[3]) 좌표평면에서 $x > 0, y > 0$인 곳.

가 된다. 여기서

$$k = \frac{a^2 - b^2}{b^2} \tag{4-5-6}$$

이라고 두면,

$$C = b \int_{\theta=0}^{\pi/2} \sqrt{1 - k\sin^2\theta}\, d\theta \tag{4-5-7}$$

이다. 여기서

$$E(k) = \int_{\theta=0}^{\pi/2} \sqrt{1 - k\sin^2\theta}\, d\theta \tag{4-5-8}$$

을 제2종 완전 타원적분이라고 부른다. 제1종 완전 타원적분은

$$K(k) = \int_{\theta=0}^{\pi/2} \frac{1}{\sqrt{1 - k^2\sin^2\theta}}\, d\theta \tag{4-5-9}$$

로 정의된다.

르장드르는 일반적인 타원적분을 다음과 같이 정의했다. 제1종 타원적분은

$$K(\phi|k) = \int_{0}^{\phi} \frac{1}{\sqrt{1 - k\sin^2\theta}}\, d\theta \tag{4-5-10}$$

으로, 2종 타원적분은

$$E(\phi|k) = \int_0^\phi \sqrt{1-k\sin^2\theta}\,d\theta \tag{4-5-11}$$

으로 정의된다. 타원적분에서

$$\sin\theta = t$$

로 치환하면

$$\cos\theta d\theta = dt$$

로부터

$$d\theta = \frac{dt}{\cos\theta} = \frac{dt}{\sqrt{1-t^2}}$$

이 되므로, 제1종 타원적분은

$$K(\phi|k) = \int_0^{\sin\phi} \frac{1}{\sqrt{(1-t^2)(1-kt^2)}}\,dt \tag{4-5-12}$$

이 되고, 제2종 타원적분은

$$E(\phi|k) = \int_0^{\sin\phi} \sqrt{\frac{1-kt^2}{1-t^2}}\,dt \tag{4-5-12}$$

이 된다.

제5장
푸리에, 푸아송

푸리에 급수로 유명한 수학자는 장바티스트 조제프 푸리에이고, 리만 가설에서 중요한 역할을 하는 수학자는 시메옹 드니 푸아송입니다. 두 수학자는 각기 다른 분야에서 두각을 나타냈지만, 모두 수학과 물리학 발전에 큰 기여를 했습니다.

5-1 푸리에

이제 푸리에 급수로 유명한 수학자 푸리에에 대해 알아보자.

(Jean-Baptiste Joseph Fourier   1768 - 1830 프랑스)

푸리에는 프랑스 옥세르(Auxerre)에서 재단사의 아들로 태어났다. 그는 아홉 살에 고아가 되어 성 마르코 수녀원의 베네딕토 수도회에서 교육을 받았다. 이런 환경 속에서도 푸리에는 수학 공부를 열심히 해서 파리 에콜노르말 대학에서 수학을 공부했다.

수학과 과학을 사랑했던 나폴레옹은 수학자들과 친하게 지냈는데 푸리에도 나폴레옹의 총애를 받는 수학자 중의 한 명이었다. 그는 1798년 나폴레옹의 이집트 원정에 과학 고문으로 동행했고, 이집트 연구소의 서기로 임명되었다. 그는 또한 나폴레옹이 카이로에 설립한 이집트 연구소(카이로 연구소)에서 수학 연구를 했다. 1801년 프랑스가 영국에게 패하자 푸리에는 다시 프랑스로 돌아왔다.

푸리에가 주로 연구한 분야는 고체 속에서 열이 어떻게 전도되는가 하는 문제였다. 이것을 열전도 방정식이라고 부르는데 푸리에가 처음 이 이론을 발견했다. 그는 이 방정식을 풀기 위해 주기함수를 다양한 진동수를 가진 삼각 함수들의 합으로 나타내는 방법을 연구했는데 그것이 바로 푸리에 급수이다.

5-2 푸리에 급수

푸리에는 주기함수를 사인과 코사인으로 나타내는 방법을 연구했다. 주기함수 $f(t)$는

$$f(t+T) = f(t) \tag{5-2-1}$$

를 만족한다. 이때 T를 이 함수의 주기라고 부른다.

푸리에는 식(5-2-1)을 만족하는 함수에는 어떤 것들이 있는지에 대해 고민했다. 가장 간단한 것으로 $f(t) = 1$이 있다. 이번에는 다음과 같은 사인함수를 보자.

$$f(t) = \sin\frac{2\pi}{T}t \tag{5-2-2}$$

이때

$$\begin{aligned}
f(t+T) &= \sin\frac{2\pi}{T}(t+T) \\
&= \sin\left(\frac{2\pi}{T}t + \frac{2\pi}{T}T\right) \\
&= \sin\left(\frac{2\pi}{T}t + 2\pi\right) \\
&= f(t)
\end{aligned}$$

이므로 (5-2-2)는 주기 T인 주기함수이다. 여기서 우리는 사인함수의 성질

$$\sin(x+2\pi \times 정수) = \sin x \qquad (5\text{-}2\text{-}3)$$

를 이용했다. 푸리에는 다음과 같은 함수들도 식(5-2-1)을 만족한다는 것을 알아냈다.

$$f(t) = \sin\frac{4\pi}{T}t$$

$$f(t) = \sin\frac{6\pi}{T}t$$

$$f(t) = \sin\frac{8\pi}{T}t$$

$$\vdots$$

이들을 일반적으로 나타내면

$$f(t) = \sin\frac{2\pi n}{T}t, \quad (n=1,2,3,\cdots) \qquad (5\text{-}2\text{-}4)$$

이 된다. 푸리에는 사인뿐만 아니라 코사인 함수도 주기함수이므로 식 (5-2-1)을 만족하는 코사인 함수들의 모양은 일반적으로

$$f(t) = \cos\frac{2\pi n}{T}t, \quad (n=1,2,3,\cdots) \qquad (5\text{-}2\text{-}5)$$

이 된다는 것을 알아냈다.

이 사실들로부터 푸리에는 주기가 T인 임의의 함수들을 섞어서 만들 수

있다고 생각했다. 즉 식(5-2-1)을 만족하는 $f(t)$를 다음과 같이 쓸 수 있다.

$$f(t) = a_0 + \sum_{n=1}^{\infty} \left(a_n \cos\frac{2\pi n}{T} t + b_n \sin\frac{2\pi n}{T} t \right) \quad \text{(5-2-6)}$$

식(5-2-6)이 식(5-2-1)을 만족한다는 것은 쉽게 알 수 있다. 식(5-2-6)을 '푸리에 급수'라고 부르고, a_0, a_n, b_n을 '푸리에 계수'라고 부른다. 이제 푸리에 계수를 구해보자. 먼저 a_0를 구해보자. (5-2-6)에서 양변을 0부터 T까지 적분하면

$$\int_0^T dt f(t) = \int_0^T dt a_0 + \sum_{n=1}^{\infty} \left(a_n \int_0^T dt \cos\frac{2\pi n}{T} t + b_n \int_0^T dt \sin\frac{2\pi n}{T} t \right)$$

$$\text{(5-2-7)}$$

이다. 여기서,

$$\int_0^T dt \cos\frac{2\pi n}{T} t = \left[\frac{T}{2\pi n} \sin\frac{2\pi n}{T} t \right]_0^T$$

$$= \frac{T}{2\pi n} \left(\sin 2\pi n - \sin 0 \right) = 0$$

이고,

$$\int_0^T dt \sin\frac{2\pi n}{T} t = \left[-\frac{T}{2\pi n} \cos\frac{2\pi n}{T} t \right]_0^T$$

$$= -\frac{T}{2\pi n} \left(\cos 2\pi n - \cos 0 \right) = 0$$

이 된다. 일반적으로

$$\int_0^T dt \cos \frac{2\pi \times (0\text{이 아닌 정수})}{T} t = 0 \qquad (5\text{-}2\text{-}8)$$

$$\int_0^T dt \sin \frac{2\pi \times (\text{정수})}{T} t = 0 \qquad (5\text{-}2\text{-}9)$$

이다. (5-2-8)에서는 왜 0이 아닌 정수라고 한 이유는 0인 경우에는 $\cos 0 = 1$이 되어,

$$\int_0^T dt \cos \frac{2\pi \times (0)}{T} t = T \qquad (5\text{-}2\text{-}10)$$

이 되기 때문이다. 그러므로 (5-2-7)에서

$$a_0 = \frac{1}{T} \int_0^T dt f(t) \qquad (5\text{-}2\text{-}11)$$

이 된다.

이번에는 a_n을 구해보자. (5-2-6)은 다음과 같이 쓸 수 있다.

$$f(t) = a_0 + \sum_{m=1}^{\infty} \left(a_m \cos \frac{2\pi m}{T} t + b_m \sin \frac{2\pi m}{T} t \right) \qquad (5\text{-}2\text{-}12)$$

양변에 $\cos \frac{2\pi n}{T} t$를 곱해, 0부터 T까지 적분하자. 이때 좌변은

$$(좌변) = \int_0^T dt\, f(t) \cos\frac{2\pi n}{T}t \qquad (5\text{-}2\text{-}13)$$

이 되고, 우변은

$$(우변) = a_0 \int_0^T dt\, \cos\frac{2\pi n}{T}t$$
$$+$$
$$\sum_{m=1}^{\infty} \left(a_m \int_0^T dt \cos\frac{2\pi m}{T}t \cos\frac{2\pi n}{T}t + b_m \int_0^T dt \sin\frac{2\pi m}{T}t \cos\frac{2\pi n}{T}t \right)$$

이 된다. 여기서

$$\int_0^T dt \cos\frac{2\pi n}{T}t = 0$$

이므로

$(우변) =$
$$\sum_{m=1}^{\infty} \left(a_m \int_0^T dt \cos\frac{2\pi m}{T}t \cos\frac{2\pi n}{T}t + b_m \int_0^T dt \sin\frac{2\pi m}{T}t \cos\frac{2\pi n}{T}t \right)$$

$$(5\text{-}2\text{-}14)$$

이 된다. 삼각함수의 덧셈정리

$$\cos(a+b) = \cos a \cos b - \sin a \sin b$$

$$\cos(a-b) = \cos a \cos b + \sin a \sin b$$

를 떠올리자. 이 두 식을 더하면

$$\cos a \cos b = \frac{1}{2}[\cos(a+b) + \cos(a-b)] \qquad (5\text{-}2\text{-}15)$$

가 된다. (5-2-15)을 이용하면

$$\int_0^T dt \cos\frac{2\pi m}{T}t \cos\frac{2\pi n}{T}t$$

$$= \frac{1}{2}\int_0^T dt \left(\cos 2\pi \frac{(m+n)}{T}t + \cos\frac{2\pi(m-n)}{T}t\right) \qquad (5\text{-}2\text{-}16)$$

여기서 m과 n이 자연수라는 것이 아주 중요하다. 여기서 (5-2-8)에 의해

$$\int_0^T dt \cos 2\pi \frac{(m+n)}{T}t = 0$$

이다. 이제

$$\int_0^T dt \cos 2\pi \frac{(m-n)}{T}t$$

를 보자. 이 경우 $m-n$은 0이 될 수도 있고 0이 안 될 수도 있다. $m-n$이 0이 안되는 경우는 이 적분은 0이 되지만 $m-n$이 0이 되는 경우 이 적분은 T가 된다. 이것을 수학자들은 다음과 같이 쓴다.

$$\int_0^T dt \cos 2\pi \frac{(m-n)}{T} t = T\delta_{nm} \qquad (5\text{-}2\text{-}17)$$

여기서 δ_{nm}은 수학자 크로네커가 만든 기호로 크로네커 델타라고 부르는데 다음과 같이 정의된다.

$$\delta_{nm} = \begin{cases} 0 & (n \neq m \text{일 때}) \\ 1 & (n = m \text{일 때}) \end{cases}$$

이것은 $\delta_{11} = 1$이고 $\delta_{12} = 0$과 같이 정의되는 기호이다. 그래서

$$\int_0^T dt \cos\frac{2\pi m}{T} t \cos\frac{2\pi n}{T} t = \frac{T}{2}\delta_{nm} \qquad (5\text{-}2\text{-}18)$$

이 된다. 같은 방법으로 삼각함수의 공식을 이용하면,

$$\int_0^T dt \cos\frac{2\pi m}{T} t \sin\frac{2\pi n}{T} t = 0 \qquad (5\text{-}2\text{-}19)$$

$$\int_0^T dt \sin\frac{2\pi m}{T} t \sin\frac{2\pi n}{T} t = \frac{T}{2}\delta_{nm} \qquad (5\text{-}2\text{-}20)$$

이 된다. 그러므로 (5-2-14)는

$$(\text{우변}) = \sum_{m=1}^{\infty} a_m \frac{T}{2} \delta_{nm} = \frac{T}{2} a_n$$

이 된다. 여기서

$$\sum_{m=1}^{\infty} a_m \delta_{nm} = a_n$$

을 이용했다. 예를 들어 $n = 3$이라고 해보자.

$$\sum_{m=1}^{\infty} a_m \delta_{3m} = a_1\delta_{31} + a_2\delta_{32} + a_3\delta_{33} + a_4\delta_{34} + \cdots = a_3$$

가 된다. 그러므로 식(5-2-13)과 식(5-2-14)로부터,

$$\int_0^T dt\, f(t)\cos\frac{2\pi n}{T}t = \frac{T}{2}a_n$$

이 되어,

$$a_n = \frac{2}{T}\int_0^T dt\, f(t)\cos\frac{2\pi n}{T}t \qquad (5\text{-}2\text{-}21)$$

이 된다. 같은 방법으로

$$b_n = \frac{2}{T}\int_0^T dt\, f(t)\sin\frac{2\pi n}{T}t \qquad (5\text{-}2\text{-}22)$$

가 된다.

5-3 푸리에 급수의 예

푸리에 급수로 나타내는 예를 보자. 다음과 같은 주기가 2인 주기함수를 보자.

$$f(t) = \begin{cases} 1 & (0 < t < 1) \\ 0 & (1 < t < 2) \end{cases}$$

이 그래프를 그림으로 그리면 다음과 같다.

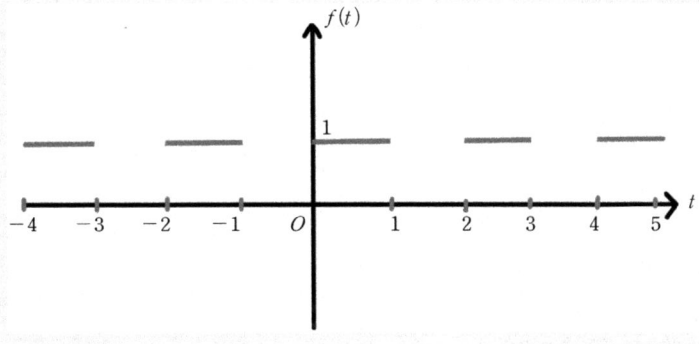

이 함수에 대해

$$a_0 = \frac{1}{2}\int_0^2 dt f(t) = \frac{1}{2}\int_0^1 dt = \frac{1}{2}$$

가 되고,

$$a_n = \int_0^2 dt f(t)\cos\pi nt = \int_0^1 dt \cos\pi nt = 0$$

$$b_n = \int_0^2 dt f(t)\sin\pi nt = \frac{1}{\pi n}(1-\cos n\pi)$$

이다.

이 식에서

$$b_1 = \frac{2}{\pi}$$

$$b_2 = 0$$

$$b_3 = \frac{2}{3\pi}$$

$$b_4 = 0$$

$$b_5 = \frac{2}{5\pi}$$

$$b_6 = 0$$

$$\vdots$$

가 된다. 그러므로

$$f(t) = \frac{1}{2} + \sum_{n=1}^{\infty} \frac{1}{\pi n}(1-\cos n\pi)\sin n\pi t$$

처음 몇 항만 구해서 풀어서 쓰면,

$$f(t) = \frac{1}{2} + \frac{2}{\pi}\left(\sin\pi t + \frac{1}{3}\sin3\pi t + \frac{1}{5}\sin5\pi t + \cdots\right) \quad \text{(5-3-1)}$$

가 된다. 이것을 그래프로 그리자. 컴퓨터는 무한대를 모르니까

$$f(t) = \frac{1}{2} + \sum_{n=1}^{M} \frac{1}{\pi n}(1-\cos n\pi)\sin nt$$

이라고 두고 M의 값을 선택해서 그림을 그려보자.

다음 그림은 $M = 10$일 때의 그림이다.

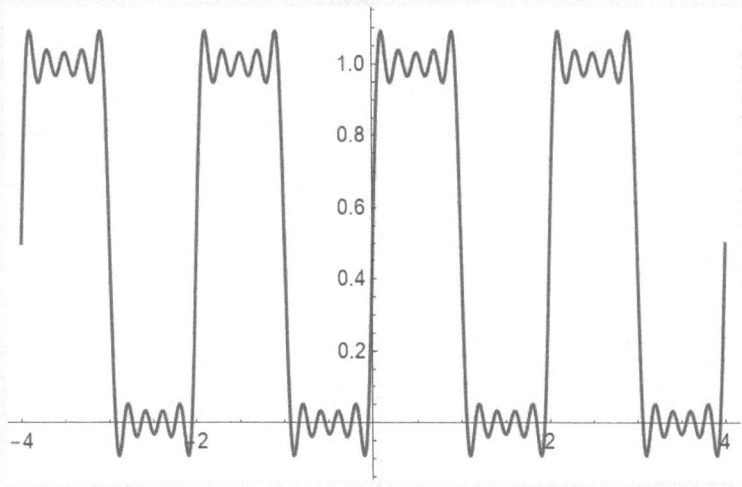

다음 그림은 $M = 100$일 때의 그림이다.

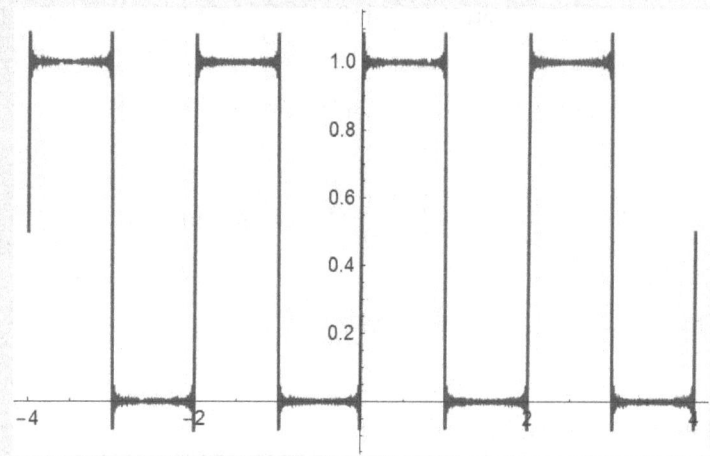

다음 그림은 $M = 1000$일 때의 그림이다.

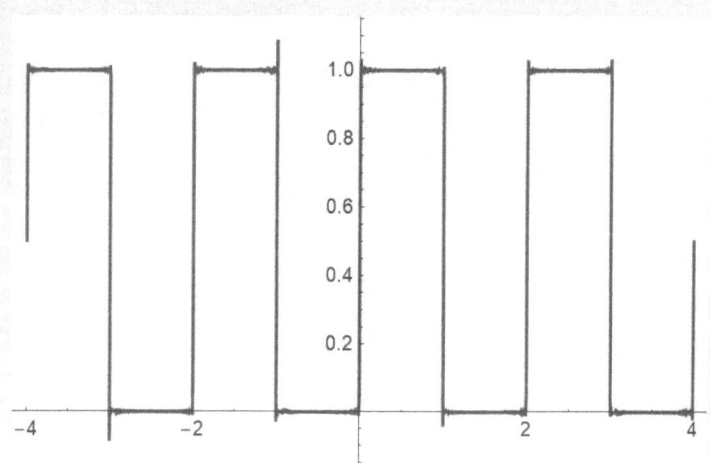

M이 커질수록 그래프가 비슷해지는 것을 알 수 있다. 그러므로 M을 무한대로 보내면 완전히 똑같아진다.

식 (5-3-1)에 $t = \dfrac{1}{2}$을 넣어보자. $t = \dfrac{1}{2}$이면 $f(t) = 1$이니까

$$1 = \frac{1}{2} + \frac{2}{\pi}\left(\sin\frac{\pi}{2} + \frac{1}{3}\sin\frac{3\pi}{2} + \frac{1}{5}\sin\frac{5\pi}{2} + \cdots\right)$$

또는

$$1 = \frac{1}{2} + \frac{2}{\pi}\left(1 - \frac{1}{3} + \frac{1}{5} - \frac{1}{7} + \frac{1}{9} - \frac{1}{11} + \cdots\right)$$

이 된다. 그러니까 원주율 π를 무한급수로 다음과 같이 나타낼 수 있다.

$$\pi = 4\left(1 - \frac{1}{3} + \frac{1}{5} - \frac{1}{7} + \frac{1}{9} - \frac{1}{11} + \cdots\right)$$

5-4 푸아송의 공식

이번에는 수학자 푸아송의 이야기를 해보자.

(Siméon Denis Poisson 1781 - 1840 프랑스)

푸아송은 1781년 프랑스 피티비에(Pithiviers)에서 태어났다. 그의 아버지는 전직 육군 장교였다. 푸아송의 아버지는 푸아송이 의사가 되기를 원했지만, 푸아송은 수술장면을 보다가 기절하는 등 의사의 자질을 보이지 않았다.

1798년에 푸아송은 파리의 에콜 폴리테크니크에 입학했고, 수학에 재능을 보인 그는 교수들의 관심을 끌기 시작했다. 라그랑주와 라플라스는 푸아송의 수학 실력을 칭찬해 주었다. 특히 라플라스는 푸아송이 어려운 문제를 독창적인 방법으로 푸는 것에 감탄하고 그를 아들처럼 여기고, 푸아송에게 과제를 면제하고 스스로 연구하게 해주었다. 푸아송은 최종 시험을 치르지 않고도 1800년에 대학을 졸업했다. 1802년 푸아송은 보조 교수가 되었고, 1806년에는 정교수가 되었다.

푸아송이 수학사에 남긴 업적은 많지만, 이 책에서는 훗날 리만가설에서

중요한 역할을 하게 되는 푸아송 공식을 소개한다.

임의의 함수 $f(x)$를 생각해보자. 이 함수에 대해서 다음과 같은 함수를 만들어 보자.

$$F(x) = \sum_{n=-\infty}^{\infty} f(x+n)$$
$$= \cdots + f(x-2) + f(x-1) + f(x) + f(x+1) + f(x+2) + \cdots$$

이 함수는 주기 1을 갖는 주기함수라는 것을 알 수 있다. 이것은 간단하게 증명할 수 있다.

$$F(x+1) = \sum_{n=-\infty}^{\infty} f(x+n+1)$$

로부터, $n' = n+1$으로 바꾸면 무한대에 1을 더하거나 빼도 무한대가 되기 때문에,

$$F(x+1) = \sum_{n'=-\infty}^{\infty} f(x+n') = \sum_{n=-\infty}^{\infty} f(x+n)$$

이므로

$$F(x+1) = F(x)$$

가 된다. $F(x)$가 주기 1인 주기함수이므로 다음과 같이 푸리에 급수로 나타낼 수 있다.

$$F(x) = \sum_{n=-\infty}^{\infty} a_n e^{2\pi i n x} \qquad (5\text{-}4\text{-}1)$$

이때

$$a_n = \int_0^1 F(x) e^{-2\pi i n x} dx$$

가 된다. 이제 a_n를 $f(x)$를 사용해서 나타내보자.

$$\begin{aligned} a_n &= \int_0^1 F(x) e^{-2\pi i n x} dx \\ &= \int_0^1 \sum_{m=-\infty}^{\infty} f(x+m) e^{-2\pi i n x} dx \end{aligned}$$

푸아송은 위 사실로부터 푸아송 공식을 발견했다.

$$\int_0^1 \sum_{m=-\infty}^{\infty} f(x+m) e^{-2\pi i n x} dx = \int_{-\infty}^{\infty} f(x) e^{2\pi i n x} dx \qquad (5\text{-}4\text{-}2)$$

푸아송 공식을 이용하면 다음 관계식을 얻을 수 있다.

$$a_n = \int_{-\infty}^{\infty} f(x) e^{2\pi i n x} dx \qquad (5\text{-}4\text{-}3)$$

식(5-4-1)에서 $x = 0$를 넣으면

$$F(0) = \sum_{n=-\infty}^{\infty} a_n$$

또는

$$\sum_{n=-\infty}^{\infty} f(n) = a_n$$

이 된다. 이제 푸아송 공식을 증명해보자. 먼저 다음과 같이 놓자.

$$\int_0^1 \sum_{m=-\infty}^{\infty} f(x+m)e^{-2\pi inx} dx = \lim_{L \to \infty} \int_0^1 \sum_{m=-L}^{L} f(x+m)e^{-2\pi inx} dx$$

우변에서

$$\int_0^1 \sum_{m=-L}^{L} f(x+m)e^{-2\pi inx} dx = \sum_{m=-L}^{L} \int_0^1 f(x+m)e^{-2\pi inx} dx$$

를 생각해보자. 간단한 경우로 $L=1$인 경우를 보자.

이때

$$\sum_{m=-1}^{1} \int_0^1 f(x+m)e^{-2\pi inx} dx$$
$$= \int_0^1 f(x-1)e^{-2\pi inx} dx + \int_0^1 f(x)e^{-2\pi inx} dx + \int_0^1 f(x+1)e^{-2\pi inx} dx$$

(5-4-4)

이다. 우변의 첫 번째 적분을 보자.

$$\int_0^1 f(x-1)e^{-2\pi inx}dx$$

여기서 $x-1=y$라 치환하면 $dx=dy$이므로

$$\int_0^1 f(x-1)e^{-2\pi inx}dx = \int_{-1}^0 f(y)e^{-2\pi in(y+1)}dy$$

이 되는데,

$$e^{-2\pi in(y+1)} = e^{2\pi iny}e^{-2\pi in} = e^{2\pi iny}$$

이 되므로

$$\int_0^1 f(x-1)e^{-2\pi inx}dx = \int_{-1}^0 f(y)e^{-2\pi iny}dy = \int_{-1}^0 f(x)e^{-2\pi inx}dx$$

이 된다. 여기서 n이 정수일 때 $e^{-2\pi in}=1$을 이용했다. 같은 방법으로 식 (5-4-4)의 우변의 세 번째 적분도 다음과 같이 쓸 수 있다.

$$\int_0^1 f(x+1)e^{-2\pi inx}dx = \int_1^2 f(x)e^{-2\pi inx}dx$$

그러니까

$$\sum_{m=-1}^{1}\int_0^1 f(x+m)e^{-2\pi inx}dx$$

$$=\int_{-1}^0 f(x)e^{-2\pi inx}dx + \int_0^1 f(x)e^{-2\pi inx}dx + \int_1^2 f(x)e^{-2\pi inx}dx$$

$$=\int_{-1}^2 f(x)e^{-2\pi inx}dx$$

이 된다. 일반적으로

$$\sum_{m=-L}^{L}\int_0^1 f(x+m)e^{-2\pi inx}dx = \int_{-L}^{L+1} f(x)e^{-2\pi inx}dx$$

이 되는 것을 쉽게 알 수 있다. 이제 $L\to\infty$ 극한을 취하면,

$$\sum_{m=-\infty}^{\infty}\int_0^1 f(x+m)e^{-2\pi inx}dx = \int_{-\infty}^{\infty} f(x)e^{-2\pi inx}dx$$

이 되어 푸아송 공식이 나타난다. 이제

$$\sum_{n=-\infty}^{\infty} f(n) = \sum_{n=-\infty}^{\infty} a_n \qquad \text{으로부터}$$

$$\sum_{n=-\infty}^{\infty} f(n) = \sum_{n=-\infty}^{\infty}\int_{-\infty}^{\infty} f(x)e^{2\pi inx}dx \qquad (5\text{-}4\text{-}5)$$

라는 등식을 얻을 수 있다.

제6장
수학의 왕 가우스와 코시

수학 일기를 쓰던 가우스는 비유클리드 기하학을 연구했고, 코시는 복소함수 이론을 정립했습니다. 두 사람은 서로 다른 분야에서 활동했지만, 수학 발전에 큰 영향을 미쳤습니다.

6-1 가우스

이제 수학의 왕이라 불리는 가우스에 관한 이야기를 해보자.

(Johann Carl Friedrich Gauss   1777 - 1855 독일)

가우스는 1777년 독일에서 가난한 집안의 외동아들로 태어났다. 그의 아버지는 벽돌공과 정원사를 했는데 워낙 성질이 난폭해서 가족들에게 환영을 받지 못했다. 가우스는 어린 시절 외삼촌 프리드리히에게 수학을 배웠다. 프리드리히는 베 짜는 일을 하고 있었지만, 수학을 좋아해 자신의 조카에게 자신이 알고 있는 수학을 모두 알려 주었다.

가우스는 일곱 살 때 성 카타리넨 학교에 입학했는데, 그 학교의 교장인 게오르크 뷔트너가 수학을 가르쳤다. 그 학교에서는 여러 학년의 아이들이 함께 수학을 배웠는데 뷔트너는 학년이 높은 아이들을 지도하기 위해 학년이 낮은 아이들에게 1부터 100까지의 자연수를 모두 더하라는 문제를 내주었다. 계산을 마친 아이들은 노트를 교탁 위에 올려놓아야 하는데, 일곱 살의 가우스가 문제를 내준지 몇 초 만에 노트를 교탁 위에 올려놓았다. 뷔트너는 가우스가 과제를 포기하고 아무렇게나 답을 썼다고 생각하며 화가 난 표정으로 고학년 학생들을 지도했다. 이렇게 수업이 끝나고 뷔트너는 저학년 아이들의 노트를 들여다보았다. $1+2=3$, $1+2+3=6$, 이런 식으로 열심히 덧셈한 아이들의 노트 속에 정답 5050만 적은 아이의 노트가 있었다.

뷔트너는 가우스에게 어떻게 정답을 알았는지 물었다. 그러자 가우스는 다음과 같이 대답했다.

"1과 100, 2와 99, 3과 98처럼 두 수를 짝지으면 두 수의 합이 항상 101이 되고 이런 짝이 50개가 있으므로 답은 50과 101의 곱인 5050이 됩니다."

가우스의 천재성에 감명을 받은 뷔트너는 가우스가 더 높은 수준의 수학을 배울 수 있도록 중학교에 조기 진학하도록 힘써주었다. 열네 살에 중등교육을 모두 마친 가우스는 브라운 슈바이크 공작의 후원을 받아 과학 아카데미에서 공부한 후 18살에 괴팅겐 대학에 입학했다. 대학 시절 가우스는 수많은 발명을 했다. 19살 때 언어학과 수학 사이에서 전공 결정을 망설이던 가우스는 고대 그리스부터 오랫동안 불가능한 것으로 여겨졌던 정십칠각형을 자와 컴퍼스만으로 작도하는 방법을 알아냈다. 그 후 그는 정 257각형, 정 65537각형도 똑같은 방법으로 그릴 수 있다는 것을 알아냈다.

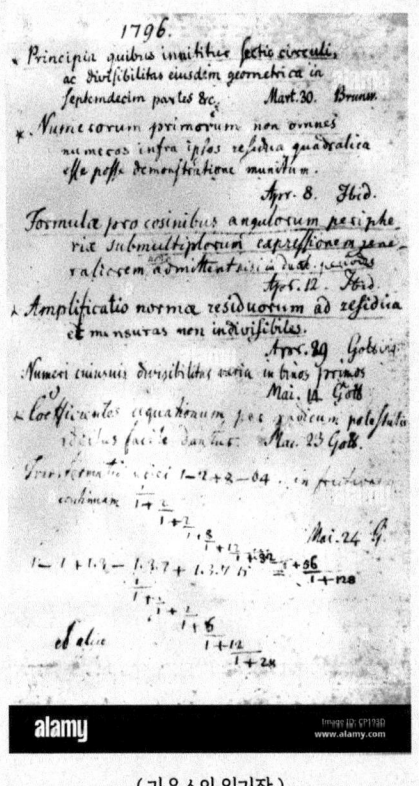

(가우스의 일기장)

가우스는 수학일기를 쓰는 것으로 유명하다. 그의 수학일기는 가우스가 죽은 후 유족에 의해 발견되었는데 수학일기는 자신이 새롭게 발견한 내용을 한두 줄로 요약해 둔 것이었다. 예를 들어 1763년 3월 30일의 일기장에는 '원을 17등분 할 수 있음.'이라는 간단한 메모가 적혀 있었고 1796년 7월 10일의 일기장에는 '유레카!! 수 = △ + △ +△'라는 암호일기가 적혀 있었는데 이것은 임의의 정수가 세 개의 삼각수의 합으로 나타낼 수 있다는 것을 나타냈다. 1796년 10월 21일의 일기장에는 '나는 거인을 정복했다.'라고 쓰여 있는데 이것이 무엇을 뜻하는지는 알려지지 않았다.

소행성 케레스를 발견하는 등 천문학에도 관심이 많았던 가우스는 1807년 괴팅겐 대학교수와 천문대장을 겸임했다. 하지만 천문대장이라고 해도 조수 한 명 없이 가우스 혼자 천체를 관측하고 계산을 하면서 동시에 강의도 해야 했다. 당시 독일은 프랑스의 나폴레옹이 점령한 상태였기 때문에 점령지의 수학자인 가우스에게는 아주 적은 급료가 지급되었다. 가우스는 생활이 힘들었지만 이를 극복하고 전기와 자기에 관한 수많은 연구를 했다. 전기에 대한 유명한 가우스 법칙이 나온 것도 이때의 일이다.

가우스는 말년에 자신의 제자인 리만과 함께 새로운 기하학을 만드는 일에 뛰어들었다. 유클리드의 기하학은 평면에서만 적용되는데 가우스와 리만은 수박 면과 같은 구면에서 적용되는 새로운 기하학을 만든 것이다. 가령 평면에 삼각형을 그리면 세 각의 합이 180도가 되지만 구면에 삼각형을 그리면 삼각형의 세 각의 합이 180도보다 커진다는 것이다. 이 새로운 기하학은 가우스가 죽고 리만이 본격적으로 연구해 리만 기하학이라는 이름으로 불리게 된다[4].

6-2 정십칠각형작도

가우스는 정십칠각형의 작도를 위해 360°를 17등분한 각에 대한 삼각함수 값이 필요했다. 가우스는 이 각을 ϕ라고 놓았다. 그러므로

$$17\phi = 360° \qquad (6\text{-}2\text{-}1)$$

이 된다.

가우스는 다음과 같이 두었다.

$\cos\phi + \cos4\phi = a$

$\cos2\phi + \cos8\phi = b$

$\cos3\phi + \cos5\phi = c$

$\cos6\phi + \cos7\phi = d \qquad (6\text{-}2\text{-}2)$

가우스는 위 식들로부터

$a + b = e$

$c + d = f \qquad (6\text{-}2\text{-}3)$

---

4) 가우스의 곡면론에 대한 내용은 4권에서 리만을 다룰 때 소개할 예정이다.

이라고 두었다. 그리고

$$e+f=-\frac{1}{2} \qquad (6\text{-}2\text{-}4)$$

임을 보였다. 이제 (6-2-4)를 증명해보자. 이 식은

$$S_n = \cos\phi + \cos 2\phi + \cdots + \cos n\phi$$

에서 $n=8$인 경우이다. 오일러의 공식으로부터

$$e^{i\phi} = \cos\phi + i\sin\phi$$

$$e^{2i\phi} = \cos 2\phi + i\sin 2\phi$$

$$\vdots$$

$$e^{in\phi} = \cos n\phi + i\sin n\phi$$

가 된다. 이제 어떤 복소수의 실수부를 Re라고 하자. 예를 들어 $Re(3+4i) = 3$이다. $\cos\phi$는 $e^{i\phi}$의 실수부이므로

$$\cos\phi = Re(e^{i\phi})$$

$$\cos 2\phi = Re(e^{2i\phi})$$

$$\vdots$$

$$\cos n\phi = Re(e^{in\phi})$$

가 된다. 그러므로

$$S_n = Re(e^{i\phi} + e^{2i\phi} + \cdots + e^{in\phi})$$

가 된다. 한편,

$$e^{i\phi} + e^{2i\phi} + \cdots + e^{in\phi} = (e^{i\phi}) + (e^{i\phi})^2 + \cdots (e^{i\phi})^n$$

$$= \frac{e^{i\phi}(1 - e^{in\phi})}{1 - e^{i\phi}}$$

이 된다. 임의의 복소수

$$z = a + ib$$

와 켤레 복소수

$$z = a - ib$$

를 생각하면 이 복소수의 실수부는

$$a = \frac{1}{2}(z + z^*)$$

가 된다. 가우스는 이 사실을 이용해,

$$S_n = \frac{1}{2}\left[\frac{e^{i\phi}(1 - e^{in\phi})}{1 - e^{i\phi}} + \frac{e^{-i\phi}(1 - e^{-in\phi})}{1 - e^{-i\phi}}\right]$$

를 얻었다. 가우스는 통분을 통해

$$S_n = \frac{1}{2}\left[-1 + \frac{\cos n\phi - \cos(n+1)\phi}{1-\cos\phi}\right]$$

를 얻었다. 여기서 가우스는

$$e^{i\phi} + e^{-i\phi} = 2\cos\phi$$

를 이용했다. 한편 삼각함수의 합을 곱으로 고치는 공식을 사용하면,

$$\cos n\phi - \cos(n+1)\phi = \frac{1}{2}\sin\left(\frac{2n+1}{2}\phi\right)\sin\frac{\phi}{2}$$

이 된다. 만일 $n=8$이면

$$\sin\left(\frac{2n+1}{2}\phi\right) = \sin\left(\frac{17}{2}\phi\right) = \sin(180°) = 0$$

이므로,

$$S_8 = -\frac{1}{2}$$

가 된다.

그다음 가우스는 다음 계산을 했다.

$$2ab = 2(\cos\phi + \cos 4\phi)(\cos 2\phi + \cos 8\phi)$$

$$= 2\cos\phi\cos2\phi + 2\cos\phi\cos8\phi + 2\cos4\phi\cos2\phi + 2\cos4\phi\cos8\phi$$
$$= (\cos3\phi + \cos\phi) + (\cos9\phi + \cos7\phi)$$
$$+ (\cos6\phi + \cos2\phi) + (\cos12\phi + \cos4\phi)$$

여기서 식(6-2-1)을 이용하면,

$$\cos9\phi = \cos8\phi$$
$$\cos12\phi = \cos5\phi$$

이 되므로,

$$2ab = S_8 = -\frac{1}{2} \qquad (6\text{-}2\text{-}5)$$

이 된다. 가우스는 같은 방법으로 다음 등식들도 발견했다.

$$2ac = 2a + b + d$$
$$2ad = b + c + 2d$$
$$2bc = a + 2c + d$$
$$2bd = a + 2b + c$$
$$2cd = -\frac{1}{2} \qquad (6\text{-}2\text{-}6)$$

한편 가우스는

$$ef = (a+b)(c+d)$$

$$= ac+bc+ad+bd$$

에 (6-2-5)와 (6-2-6)를 대입해,

$$ef = 2(a+b+c+d)$$

$$= 2(e+f)$$

$$= -1 \quad (6\text{-}2\text{-}7)$$

이 됨을 알아냈다.

e와 f가 $e+f = -\dfrac{1}{2}, ef = -1$을 만족하므로 이들은 이차 방정식

$$x^2 + \frac{1}{2}x - 1 = 0$$

의 두 근이다. 따라서

$$e = -\frac{1}{4} + \sqrt{\frac{17}{16}}$$

$$f = -\frac{1}{4} - \sqrt{\frac{17}{16}} \qquad (6\text{-}2\text{-}8)$$

이 된다.

한편 $a+b=e, ab=-\dfrac{1}{4}$이므로 a,b는 이차 방정식

$$x^2 - ex - \frac{1}{4} = 0$$

의 두 근이다. 그러므로

$$a = \frac{1}{2}e + \sqrt{\frac{1}{4} + \frac{1}{4}e^2} = -\frac{1}{8} - \frac{1}{8}\sqrt{17} + \frac{1}{8}\sqrt{34 - 2\sqrt{17}}$$

$$b = \frac{1}{2}e - \sqrt{\frac{1}{4} + \frac{1}{4}e^2} = -\frac{1}{8} - \frac{1}{8}\sqrt{17} - \frac{1}{8}\sqrt{34 - 2\sqrt{17}} \quad (6\text{-}2\text{-}9)$$

이 된다. 같은 방법으로 가우스는

$$c = -\frac{1}{8} - \frac{1}{8}\sqrt{17} + \frac{1}{8}\sqrt{34 + 2\sqrt{17}}$$

$$d = -\frac{1}{8} - \frac{1}{8}\sqrt{17} - \frac{1}{8}\sqrt{34 + 2\sqrt{17}} \quad (6\text{-}2\text{-}10)$$

을 알아냈다. 가우스는 삼각함수의 곱을 합으로 고치는 공식으로부터

$$\cos\phi\cos 4\phi = \frac{1}{2}(\cos 5\phi + \cos 3\phi) = c \quad (6\text{-}2\text{-}11)$$

을 알아냈다. 가우스는 $\cos\phi + \cos 4\phi = a$와 (6-2-11)로부터 $\cos\phi$와 $\cos 4\phi$가 이차 방정식

$$x^2 - ax + \frac{1}{2}c = 0$$

의 두 근임을 알아냈다. 이것은

$$\cos\phi = \frac{1}{2}a + \sqrt{\frac{1}{4}a^2 - \frac{1}{2}c}$$

$$\cos 4\phi = \frac{1}{2}a - \sqrt{\frac{1}{4}a^2 - \frac{1}{2}c} \qquad (6\text{-}2\text{-}12)$$

가우스는 이 식들을 통해,

$$\cos\phi = -\frac{1}{16} + \frac{1}{16}\sqrt{17} + \frac{1}{16}\sqrt{34 - 2\sqrt{17}}$$

$$+ \frac{1}{8}\sqrt{17 + 3\sqrt{17} - \sqrt{34 - 2\sqrt{17}} - 2\sqrt{34 + 2\sqrt{17}}}$$

를 구했다.

 가우스는 정십칠각형의 한 내각의 크기의 코사인이 제곱근들로 나타낼 수 있음을 보였다. 이것은 정십칠각형이 자와 컴퍼스만으로 작도할 수 있다는 것을 의미한다. 즉 가우스는 정십칠각형의 작도 가능성을 수학적으로 증명한 것이다.

6-3 가우스의 소수공식

어떤 수 x 이하의 소수 개수를 수학자들은 $\pi(x)$라고 쓰고 소수 계량함수(Prime counting function)라고 부른다. 예를 들어 $\pi(10)$은 10 이하의 소수 개수이다. 10 이하의 소수는 2, 3, 5, 7의 네 개이므로 $\pi(10) = 4$가 된다. 다음 표는 $\pi(x)$의 값을 나타낸다. [5]

x	$\pi(x)$
10	4
100	25
1000	168
10000	1229
100000	9592
1000000	78498
10000000	664579
100000000	5761455
1000000000	50847534
10000000000	455052511

수학자들은 오랫동안 $\pi(x)$의 모양을 찾으려고 노력했다. 소수의 일반항이 없으므로 완벽한 모양을 찾는 것은 불가능하지만 가능한 오차가 적은 근사식을 찾으려고 노력했다. x와 $\dfrac{x}{\pi(x)}$의 표를 만들어 보자. 반올림으로 소수점 셋째 자리까지만 나타내자.

---

[5] Wikipedia의 자료를 이용했음

x	$\dfrac{x}{\pi(x)}$
10	2.5
100	4
1000	5.952
10000	8.137
100000	10.425
1000000	12.739
10000000	15.047
100000000	17.357
1000000000	19.667
10000000000	21.976

x가 10배씩 증가하는데도 $\dfrac{x}{\pi(x)}$는 조금씩 증가하는 것을 알 수 있다. 이렇게 천천히 증가하는 대표적인 함수가 바로 로그함수이다. $\pi(x)$에 대한 최초의 예측은 독일의 수학자 가우스에 의해 이루어졌다. 1792년 15세의 가우스는 엄청난 계산을 통해 $\dfrac{x}{\pi(x)}$가 근사적으로 $\ln x$와 같다고 주장했다. 이것이 바로 최초의 $\pi(x)$에 대한 근사식이다.

$$\dfrac{x}{\pi(x)} \sim \ln x$$

다음 표는 $\dfrac{x}{\pi(x)}$와 $\ln x$를 함께 써 본 것이다.

x	$\dfrac{x}{\pi(x)}$	$\ln x$
10	2.5	2.303
100	4	4.605
1000	5.952	6.908
10000	8.137	9.210
100000	10.425	11.513
1000000	12.739	13.816
10000000	15.047	16.118
100000000	17.357	18.421
1000000000	19.667	20.723
10000000000	21.976	23.026

x가 100 이상이면 $\ln x$가 $\dfrac{x}{\pi(x)}$보다 조금씩 커지는 것을 알 수 있다. 이제 소수공식을 이용해 N이 아주 클 때 N번째 소수가 대략 어떤 수 근처에 있는지를 알아보자. 여기서 N이 아주 크다는 것은 굉장히 중요하다. N번째 소수를 P_N이라고 하면 1부터 P_N까지 사이에 소수가 N개 있다. 즉,

$$\pi(P_N) = N$$

이다. 이제 아주 큰 N을 생각하자. N번째 소수도 아주 큰 수이다. 그러므로 가우스의 소수공식을 사용하면

$$\pi(P_N) \sim \frac{P_N}{\ln P_N}$$

이 되어,

$$P_N \sim N \ln P_N$$

이 된다. 다음 표를 보자.

N	$\dfrac{P_N}{N}$
10	2.9
100	5.41
1000	7.919
10000	10.473
100000	12.997
1000000	15.486
10000000	17.943
100000000	20.381
1000000000	22.802
10000000000	25.210
100000000000	27.607
1000000000000	29.996

로그의 성질을 이용하면

$$\ln P_N = \ln\left(N \cdot \frac{P_N}{N}\right) = \ln N + \ln \frac{P_N}{N}$$

이 되고 이것은 다음과 같이 쓸 수 있다.

$$\ln P_N = \ln N \times \left(1 + \frac{\ln \frac{P_N}{N}}{\ln N}\right)$$

이제 각각의 N에 대한 $\frac{\ln \frac{P_N}{N}}{\ln N}$ 의 값을 나타내보자.

N	$\frac{\ln \frac{P_N}{N}}{\ln N}$
10	0.462
100	0.367
1000	0.300
10000	0.255
100000	0.223
1000000	0.198
10000000	0.179
100000000	0.164
1000000000	0.151
10000000000	0.140
100000000000	0.131
1000000000000	0.123

즉, N이 아주 큰 값일 때 $\frac{\ln \frac{P_N}{N}}{\ln N}$ 은 1에 비해 아주 작은 값이 되므로 부시

하기로 한다면

$$\ln P_N \sim \ln N$$

이 되어, N번째 소수의 근사값은

$$P_N \sim N \ln N$$

이 된다.

    1798년 르장드르는 <정수론에 관한 에세이 (Essay on the number theory)>라는 책에서 소수공식을 다음과 같이 발표했다.

$$\pi(x) \sim \frac{x}{A \ln x + B}$$

    여기서 A, B는 데이터들을 통해 맞추게 되는 값이다. 르장드르는 이 책의 수정판에서 위 식을 다음과 같이 고쳐 썼다.

$$\pi(x) \sim \frac{x}{\ln x - A}$$

그는 x가 아주 큰 값일 때 A가 1.08366에 가까워진다고 주장했다.

6-4 복소수 함수를 만든 코시

이제 가우스 시대의 또 한 명의 위대한 수학자 코시의 이야기를 해보자.

(Augustin-Louis Cauchy   1789 - 1857 프랑스)

코시는 1789년 파리에서 태어났다. 코시의 아버지는 파리 경찰 고위 관리였지만, 코시가 태어나기 한 달 전에 발생한 프랑스 혁명(1789년 7월 14일)으로 인해 이 직위를 잃었다. 1794년 코시 가족은 폭동을 피해, 아르쾨유에 있는 시골집으로 피신했다. 그 후 로베스피에르가 처형된 후 가족은 안전하게 파리로 돌아갔고 코시의 아버지는 새 정부에서 상원의 사무국장이 되었다.

1802년 가을 코시는 에콜 상트랄 두 판테옹(École Centrale du Panthéon)에 입학해 라틴어와 인문학을 공부했다. 1805년 코시는 토목기사가 되기 위해 에콜 폴리테크닉(École Polytechnique)에 입학했다. 1810년에 학교를 마친 후 코시는 나폴레옹이 해군 기지를 건설하려고 했던 셰르부르에서 하급 엔지니어로 일하면서 틈틈이 수학을 공부했다.

1812년 9월 코시는 과로로 병이 난 후 파리로 돌아왔다. 파리에서 그는 대칭 함수, 대칭 군, 고차 대수 방정식 이론 등을 연구했다. 1814년 그는 복소함수론의 아이디어를 냈다. 1815년 코시는 에콜 폴리테크닉의 수학 교수가 되었고 이때부터 본격적으로 복소함수에 관한 연구를 하게 되었다.

이제 코시의 복소함수이론의 기본적인 내용만 알아보자. 복소수는

$$z = x + iy$$

로 쓸 수 있다. 여기서 $i = \sqrt{-1}$ 은 허수단위이다. 여기서 x, y는 실수로 x는 z의 실수부라고 부르고 $Re(z)$라고 쓰며 y는 z의 허수부라고 부르고 $Im(z)$라고 쓴다.

코시는 실수의 함수의 $f(x)$를 확장한 복소수 z의 함수 $f(z)$를 생각했다. 이 함수를 복소함수라고 부른다. 예를 들어 복소함수 $f(z) = z^2$를 보자. 이 함수에 $z = x + iy$를 대입하면,

$$f(z) = x^2 - y^2 + i(2xy)$$

가 된다. 이렇게 복소함수 $f(z)$는 실수부와 허수부로 나누어진다.

$$f(z) = u(x, y) + iv(x, y) \qquad (6\text{-}4\text{-}1)$$

여기서 u를 실수부함수 v를 허수부 함수라고 부른다. 이 예에서

$$u = x^2 - y^2$$

$$v = 2xy$$

가 된다. 이때

$$\frac{\partial u}{\partial x} = 2x$$

$$\frac{\partial u}{\partial y} = -2y$$

$$\frac{\partial v}{\partial x} = 2y$$

$$\frac{\partial v}{\partial y} = 2x$$

가 된다. 즉,

$$\frac{\partial u}{\partial x} = \frac{\partial v}{\partial y}$$

$$\frac{\partial u}{\partial y} = -\frac{\partial v}{\partial x} \qquad (6\text{-}4\text{-}2)$$

이 성립한다. 코시는 임의의 복소함수 $f(z)$에 대해 (6-4-2)가 성립한다는 것을 알아냈는데 이것을 코시 관계식이라고 부른다.

코시는 $f(z)$가 모든 복소수에 대해 테일러전개가 될 수 있을 때 임의의 폐경로(닫혀진 경로)에 대해

$$\oint_C f(z)dz = 0$$

이 성립한다는 것을 보였다. 이것을 코시의 정리라고 부른다.

이제 코시의 정리를 증명해보자. 코시 정리를 증명하려면 먼저 그린 정리를 증명해야 한다. 그린 정리는 수학자 그린이 발견한 정리로 다음과 같다.

그린 정리는 2변수 함수 $f(x,y)$와 $g(x,y)$에 대해

$$\oint_C [f(x,y)dx + g(x,y)dy] = \iint_D \left(\frac{\partial g}{\partial x} - \frac{\partial f}{\partial y} \right) dxdy$$

이 성립한다는 것을 말한다. 여기서 C는 폐경로를 나타내고 D는 폐경로의 내부와 경계를 의미한다.

그린 정리를 증명하기 위해 폐경로를 다음 그림과 같이 택하자.

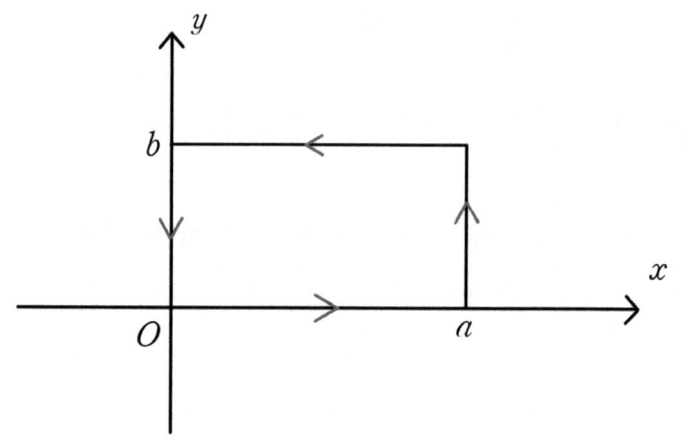

폐경로 C는 아래 그림과 같이 네 개의 직선 경로 C_1, C_2, C_3, C_4로 이루어져 있다.

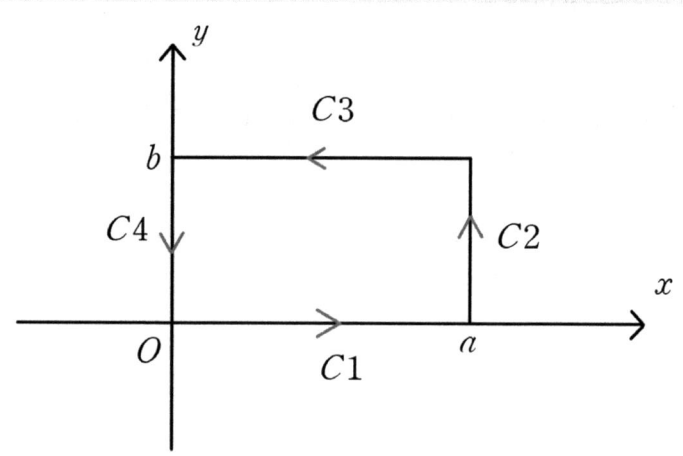

$C_1 : y = 0$ ($x = 0$에서 $x = a$로 변함)

$C_2 : x = a$ ($y = 0$에서 $y = b$로 변함)

$C_3 : y = b$ ($x = a$에서 $x = 0$로 변함)

$C_4 : x = 0$ ($y = b$에서 $y = 0$로 변함)

따라서

$$\oint_C [f(x,y)dx + g(x,y)dy]$$

$$= \int_{C_1} [f(x,y)dx + g(x,y)dy] + \int_{C_2} [f(x,y)dx + g(x,y)dy]$$

$$+ \int_{C_3} [f(x,y)dx + g(x,y)dy] + \int_{C_4} [f(x,y)dx + g(x,y)dy]$$

가 된다. 경로 C_1, C_3에서는 y의 값이 달라지지 않으므로 $dy = 0$이고 경로 C_2, C_4에서는 x의 값이 달라지지 않으므로 $dx = 0$이다.

이제 각각의 적분을 계산해보자.

$$\int_{C_1}[f(x,y)dx+g(x,y)dy]=\int_0^a f(x,0)dx$$

$$\int_{C_2}[f(x,y)dx+g(x,y)dy]=\int_0^b g(a,y)dy$$

$$\int_{C_3}[f(x,y)dx+g(x,y)dy]=\int_a^0 f(x,b)dx$$

$$\int_{C_4}[f(x,y)dx+g(x,y)dy]=\int_b^0 g(0,y)dy$$

따라서,

$$\oint_C [f(x,y)dx+g(x,y)dy]$$

$$=\int_0^b [g(a,y)-g(0,y)]dy - \int_0^a [f(x,b)-f(x,0)]dx$$

$$=\int_0^b \left(\int_0^a \frac{\partial g}{\partial x}dx\right)dy - \int_0^a \left(\int_0^b \frac{\partial f}{\partial y}dy\right)dx$$

$$=\int_0^a \int_0^b \left(\frac{\partial g}{\partial x}-\frac{\partial f}{\partial y}\right)dxdy$$

가 되어 그린의 정리가 성립함을 알 수 있다.

이제 코시의 정리를 증명하자. $f(z) = u(x,y) + iv(x,y)$이라고 하면,

$$dz = x + iy$$

이므로,

$$\oint_C f(z)dz$$

$$= \oint_C (u+iv)(dx+idy)$$

$$= \oint_C [(udx - vdy) + i(vdx + udy)]$$

가 된다. 여기서 그린 정리를 사용하면

$$\oint_C f(z)dz = \int\int_D \left(-\frac{\partial v}{\partial x} - \frac{\partial u}{\partial y}\right)dxdy + i\int\int_D \left(\frac{\partial u}{\partial x} - \frac{\partial v}{\partial y}\right)dxdy$$

이 된다. 이제 코시 관계식을 사용하면,

$$\oint_C f(z)dz = 0$$

가 성립한다. 코시는 이 정리를 확장한 여러 적분 정리들을 만들어내는 데 성공해 복소함수이론의 아버지가 되었다.

제7장

아벨과 야코비

닐스 헨리크 아벨은 노르웨이의 수학자로, 5차 방정식의 일반적인 대수적 해법이 존재하지 않음을 증명하고 타원 함수에 대한 연구를 하였으며, 그의 이름을 딴 아벨 군, 아벨 정리 등 다수의 수학 용어가 있다. 카를 구스타프 야코프 야코비는 독일의 수학자로, 타원 함수 이론에 기여하고 야코비 행렬, 야코비 기호, 야코비 항등식 등을 고안했으며, 아벨의 연구를 높이 평가했다.

7-1 아벨과 오차방정식

우리는 2권에서 3차 4차 방정식의 근의 공식 발견에 대해 다루었다. 그 후 수학자들은 5차 이상의 방정식의 근을 찾으려고 노력했다. 하지만 그들의 모든 노력은 수포로 돌아갔다.

(Niels Henrik Abel   1802 - 1829 노르웨이)

1800년대에 들어와 두 명의 젊은 천재 수학자가 이 문제에 다시 도전했다.

이 두 사람은 아벨과 갈루아이다. 두 사람은 독자적인 방법으로 5차 이상의 방정식의 근의 공식이 존재하지 않는다는 것을 증명했다. 이 증명을 설명하려면 300여 쪽 이상의 강의가 필요하므로 이 책에서는 증명에 대한 강의는 생략하려고 한다6).

이 장에서는 두 천재 중 한 명인 아벨에 대해 이야기한다.

아벨은 노르웨이의 네드스트란드(Nedstrand)에서 태어났다. 그의 아버지는 목사였다. 아벨은 13살에 크리스티아니아7)의 수도원학교에 입학했다. 이 학교의 수학교사인 홀름보는 아벨의 수학적 재능을 알아보고는 그에게 오일러, 라그랑주, 라플라스가 쓴 수학책을 공부하도록 권유했다. 수학에 미친 아벨은 다른 과목 공부를 등한시해 다른 과목의 교사들은 아벨을 그리 좋아하지 않았다.

이렇게 어린 시절에 위대한 수학자들의 책을 읽은 아벨은 21세에 크리스티아니아대학에 입학해 수학을 공부했다. 이 나이에 아벨은 이미 노르웨이에서 가장 지식이 풍부한 수학자였고 그는 대학 도서관에서 모든 최신 수학

---

6) 정완상교수는 < 오차방정식의 해는 왜 없죠? > (가제, 약 300여 쪽)라는 책을 현재 집필 중에 있다.
7) 현재의 오슬로

논문을 공부했다.

 아벨은 이때부터 연구를 시작했는데 제일 먼저 뛰어든 일은 5차방정식의 근의 공식이 존재하지 않음을 증명하는 문제였다. 1823년 그는 거듭제곱근의 성질을 이용해 5차 방정식의 근의 공식이 존재하지 않음을 최초로 보였다.

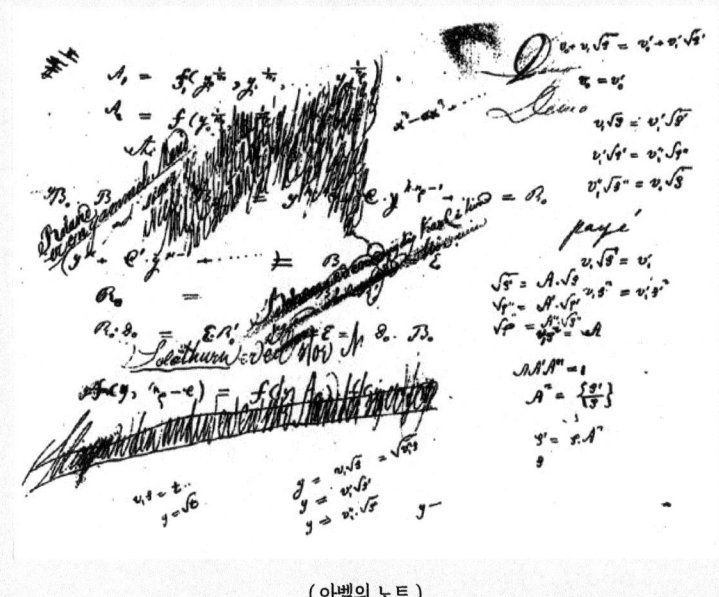

(아벨의 노트)

 1823년 초, 아벨은 한스틴(Hansteen) 교수가 공동 창간한 노르웨이 최초의 과학 저널인 Magazin for Naturvidenskaberne에 5차방정식의 근의 공식이 존재하지 않음을 알리는 논문을 썼다. 하지만 노르웨이의 수학저널에 게재되는 것으로는 자신이 한 일을 세계적인 수학자들에게 알릴 수 없어 아벨은 이 논문을 프랑스어로 다시 썼다.

1823년 중반 아벨은 덴마크의 코펜하겐으로 여행을 떠났다. 그곳에서 그는 그해 말 그녀의 약혼자가 될 연인 Christine Kemp를 만났다.

1825년 아벨은 노르웨이/스웨덴의 칼 요한 왕에게 해외 연구 신청을 내 1825년 9월에 대학 친구 4명(Christian P.B Boeck, Balthazar M. Keilhau, Nicolay B. Møller 및 Otto Tank)과 함께 베를린으로 갔다. 이곳에서 아벨은 세계적인 수학 저널인 Journal für die reine und angewandte Mathematik의

발행을 준비 중인 크렐레(August Leopold Crelle)를 만나게 되었다. 아벨은 이 저널이 창간되자 마자 그 해 7개의 논문을 이 저널에 실었다.

1926년 아벨은 세계적인 수학자들이 모여 있는 프랑스 파리로 갔다. 이때 아벨의 주 연구 주제는 타원적분이었다. 아벨은 이 논문을 프랑스 저널에 보냈지만 당대 최고의 수학자 코시가 이 논문에 대해 미적미적 대면서 이 논문은 프랑스 저널에 실리지 못하고 크렐레 저널을 통해 알려지게 되었다.

1827년 아벨이 다시 크리스티아나로 왔을 때 아벨은 경제적으로 어려워 수학을 개인 과외 하기 시작했다. 아벨의 수학 재능을 아낀 파리 아카데미는 스웨덴/노르웨이 국왕에게 아벨이 수학에만 전념할 수 있게 배려해 달라는 편지를 썼다. 한편 아벨의 열렬한 지원자인 크렐레도 베를린에 기술고등학교를 설립해 아벨을 교수진에 포함시킬 계획을 세우고 있었다.

1828년 베를린 대학의 야코비가 타원적분과 타원함수에 대한 논문을 발표했다. 아벨은 이 논문이 자신의 타원적분 연구와 내용이 거의 동일하다는 것을 알고 분개했다. 아벨은 야코비가 아직 연구하지 못한 타원 적분에 관한 내용을 연구하기 시작했고, 이때부터 아벨의 건강은 악화되었다. 그리고 이듬해 4월 6일 고작 26세의 나이로 천재 아벨은 사망했다. 그의 병명은 폐결핵이었다. 그가 숙은 후 얼마 뒤 베를린 기술고등학교의 교수에 임명한다는 편지가 그의 집에 배달되었다.

7-2 야코비

이제 수학자 야코비에 대해 알아보자.

(Carl Gustav Jacob Jacobi 1804 - 1851 독일)

야코비는 1804년 포츠담에서 유대인 혈통으로 태어났다. 그의 아버지는 은행가였다. 야코비는 열 살 때까지 외삼촌에게 수학과 고전학문에 대한 홈스쿨링을 받았다. 1816년 포츠담 김나지움에 입학한 야코비는 1821년 고전학문과 수학에서 1등을 차지하면서 베를린 대학에 입학했다. 이때부터 그는 제곱근에 의한 5차 방정식을 풀기 위한 연구를 했지만 실패했다.

대학시절 야코비는 오일러, 라그랑주, 라플라스의 수학책을 독학했다. 1823년 그는 베를린의 요아킴스탈 김나지움의 교사가 되었고 이때부터 대학교수직을 위한 연구를 했다. 1825년 그는 유리 분수의 부분 분수 분해에 대한 논문으로 박사 학위를 받고 베를린 대학에서 곡선과 곡면 이론에 대해 강의했다. 그 후 그는 쾨니히스부르크 대학의 교수가 되었다. 1843년 과로로 쇠약해진 야코비는 1851년 천연두 감염으로 사망했다.

7-3 타원함수

이제 아벨과 야코비에 의해 연구된 타원함수에 대해 알아보자. 아벨과 야코비는 독립적으로 타원적분의 역으로부터 정의되는 함수를 찾았고 이 함수를 타원함수라 불렀다.

4-5에서 논의된 제1종 타원적분을 다시 보자.

$$K(\phi|k) = \int_0^\phi \frac{1}{\sqrt{1-k\sin^2\theta}} d\theta \tag{7-3-1}$$

$$K(\phi|k) = \int_0^{\sin\phi} \frac{1}{\sqrt{(1-t^2)(1-kt^2)}} dt \tag{7-3-2}$$

위 두 식에 $k=0$를 넣으면

$$\phi = \int_0^{\sin\phi} \frac{1}{\sqrt{1-t^2}} dt \tag{7-3-3}$$

이 된다. 만일 $\sin\phi = \tau$라고 하면,

$$\phi = \sin^{-1}\tau$$

가 되므로, (7-3-3)은

$$\sin^{-1}\tau = \int_0^\tau \frac{1}{\sqrt{1-t^2}} dt \qquad (7\text{-}3\text{-}4)$$

가 된다.

아벨과 야코비는 타원적분에 대해서도

$$\mathrm{sn}\,u = \sin\phi$$

로 놓고

$$u = \int_0^{\mathrm{sn}\,u} \frac{1}{\sqrt{(1-t^2)(1-kt^2)}} dt$$

인 함수 sn$u$를 타원 사인함수라고 정의했다.

7-4 야코비의 쎄타함수발견

야코비가 발견한 또 하나의 함수는 쎄타 함수이다. 쎄타 함수는 다음과 같이 정의된다.

$$\theta(s) = \sum_{n=-\infty}^{\infty} e^{-\pi n^2 s} \qquad (7\text{-}4\text{-}1)$$

이것은

$$\theta(s) = \sum_{n=-\infty}^{\infty} f(n)$$

의 꼴이고, 여기서

$$f(n) = e^{-\pi s n^2}$$

이 된다. 포아송 공식을 이용하면

$$\sum_{n=-\infty}^{\infty} f(n) = \sum_{n=-\infty}^{\infty} \int_{-\infty}^{\infty} f(x) e^{2\pi i n x} dx$$

이 된다. 즉

$$\theta(s) = \sum_{n=-\infty}^{\infty} \int_{-\infty}^{\infty} e^{-\pi s x^2} e^{2\pi i n x} dx$$

이 된다. 여기서

$$I = \int_{-\infty}^{\infty} e^{-\pi s x^2} e^{2\pi i n x} dx$$

라고 놓자. 2권에 나온 적분공식을 이용하면,

$$I = \frac{1}{\sqrt{s}} e^{-\frac{n^2}{s}}$$

이 되어, 쎄타함수는

$$\theta(s) = \sum_{n=-\infty}^{\infty} \frac{1}{\sqrt{s}} e^{-\frac{n^2}{s}}$$

이 되고,

$$\theta(s) = \frac{1}{\sqrt{s}} \theta\left(\frac{1}{s}\right)$$

이라는 관계가 성립한다.

제8장

해밀턴, 그라스만, 실베스터, 불

해밀턴은 수를 사차원의 문으로 확장하며 사원수라는 새로운 길을 열었고, 그라스만은 공간과 벡터의 언어를 찾아내어 추상의 힘을 더했으며, 실베스터는 행렬과 불변식의 질서를 세워 수학의 대칭을 탐구하였고, 마침내 불은 논리와 대수를 결합하여 사유를 기계의 언어로 바꾸어 놓았다.

8-1 해밀턴

이제 4원수를 발견한 수학자이자 물리학자 해밀턴의 이야기를 해보자.

(Sir William Rowan Hamilton 1805 - 1865 아일랜드)

해밀턴은 아일랜드의 더블린에서 태어났다. 그의 아버지는 변호사였다. 해밀턴은 어렸을 때부터 언어 습득에 놀라운 능력을 보였고 암산에도 재주가 있었다.

하지만 해밀턴이 8세 때 미국의 암산 천재 콜번(Zerah Colburn) (당시 9세) 와의 암산 대결에서 패배한 후 해밀턴은 언어를 공부하는 시간을 줄이고 수학에 더 많은 시간을 할애했다. 열 살 때부터 그는 유클리드의 책, 뉴턴의 책 등을 공부하고 16세에는 해석 기하학과 미적분학에 관한 책들을 공부했다.

1822년 중반에 해밀턴은 라플라스의 천체역학을 연구했고, 1823년 7월, 그는 더블린 트리니티 대학에 입학했다. 해밀턴은 모든 과목에서 1등을 차지해 짧은 시간에 고전과 수학 모두에서 학위를 받았다. 해밀턴은 물리학자로 수학자로 명성을 날렸는데 물리학에서는 해밀토니안을 정의해 해밀턴 역학이론을 만들었고 수학에서는 사원수를 처음으로 발견한 것으로 이름을 날렸다.

8-2 해밀턴의 4원수

해밀턴의 위대한 업적 중의 하나는 그가 1854년 발견한 4원수 (quaternion)이다. 그는 복소수를 정의하는데 사용된 허수 단위 $i = \sqrt{-1}$ 을 확장해 세 종류의 수 i, j, k를 도입했다. 그는 이 세 수가 다음과 같은 식을 만족하도록 요구했다.

$$i^2 = j^2 = k^2 = -1$$

$$ij = k = -ij$$

$$jk = i = -kj$$

$$ki = j = -ik \quad \text{(8-2-1)}$$

이때 i, j, k에서 두 개의 곱은 교환법칙이 성립하지 않는다.

해밀턴은 임의의 4원수를

$$q = q_0 + q_1 i + q_2 j + q_3 k$$

로 나타냈다.

해밀턴의 4원수는 성분으로 나타내면

$$q = [q_0, q_1, q_2, q_3]$$

이 된다. 4원수에서 q_0는 스칼라를 나타내고, (q_1, q_2, q_3)는 3차원에서의 벡터의 세 성분을 나타낸다.

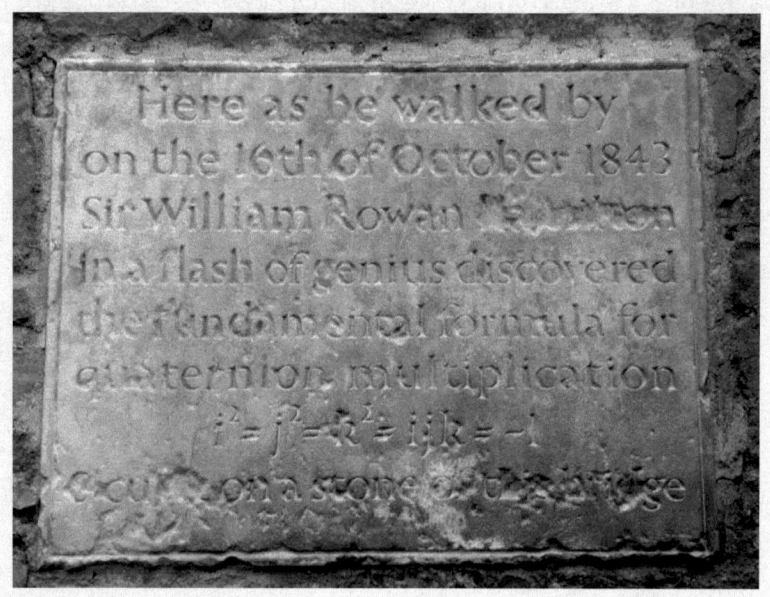

8-3 해밀턴의 그래프 이론

해밀턴의 또 하나의 위대한 업적은 그래프 이론이다. 선과 점으로 나타낸 도형을 그래프라고 부른다. 수학적으로 그래프를 정의해보자. 그래프 G는 정점(vertex)의 집합 $V(G)$와 정점 사이를 잇는 간선(edge)의 집합 $E(G)$로 이루어져 있다. 예를 들어 다음 그래프 G를 보자.

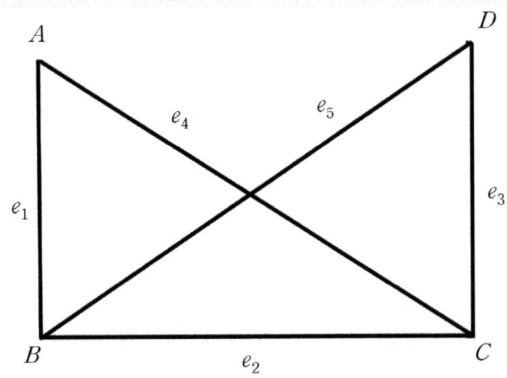

이 그래프의 정점은 A, B, C, D이므로 정점의 집합은

$$V(G) = \{ A, B, C, D \}$$

이다. 이때 그래프의 정점의 개수를 그래프의 위수(order)라고 부른다. 그러니까 이 그래프의 위수는 4이다. 이때 간선은 e_1, e_2, e_3, e_4, e_5가 되는데 다음과 같다.

$$e_1 = 선분\ AB = (A, B)$$

$$e_2 = 선분\ BC = (B, C)$$

$$e_3 = 선분\ CD = (C, D)$$

$$e_4 = 선분\ AC = (A, C)$$

$$e_5 = 선분\ BD = (B, D)$$

그러니까 간선의 집합은

$$E(G) = \{e_1, e_2, e_3, e_4, e_5\}$$

이다.

그래프의 각 정점에서 차수를 정의하자. 어떤 정점 P에서 차수를 $\deg(P)$라고 쓰는 데 이것은 그 정점에 연결된 간선의 수를 나타낸다. 위 그래프에서

$$\deg(A) = 2$$

$$\deg(B) = 3$$

$$\deg(C) = 3$$

$$\deg(D) = 2$$

이다. 차수가 0인 정점도 있다.

다음 그림을 보자.

$$\cdot \, P$$

이 그래프는 간선이 없고 정점이 1개이므로

$$\deg(P) = 0$$

이다. 이런 정점을 고립정점(isolated vertex)라고 부른다.

그래프 G 속의 간선의 개수를 e라고 나타내자. 그리고 $V(G)$의 임의의 원소를 v라고 하면 다음 정리가 항상 성립한다.

[정리1]

$$\sum_{v \in V(G)} \deg(v) = 2e$$

이 정리는 하나의 선은 두 개의 정점에서 중복으로 헤아려지기 때문에 성립한다.

두 번째 정리를 보자.

[정리2]
그래프는 홀수 차수인 정점을 짝수개 갖는다.

그래프 G속의 홀수 차수인 정점의 집합을 V_1, 짝수 차수인 정점의 집합을 V_2라고 해보자. 그러면

$$V(G) = V_1 \cup V_2$$

가 된다. 정리1로부터

$$\sum_{v \in V(G)} \deg(v) = \sum_{v \in V_1} \deg(v) + \sum_{v \in V_2} \deg(v) = 2e$$

이다. 그런데 $2e$는 짝수이고, V_2에 속하는 정점 v는 짝수 차수를 가지므로 $\deg(v)$는 짝수이다. $\sum_{v \in V_2} \deg(v)$는 짝수를 더한 값이므로 짝수이다. 그러니까 $\sum_{v \in V_1} \deg(v)$도 짝수가 되어야 한다. 홀수를 짝수개 더해야 짝수가 되니까 홀수 차수의 정점의 개수는 짝수가 된다.

그래프 G의 정점들이 간선을 통해 연결되는 그래프를 연결그래프라고 한다. 다음 그림을 보자.

이 그래프는 연결그래프이다. 다음 그림을 보자.

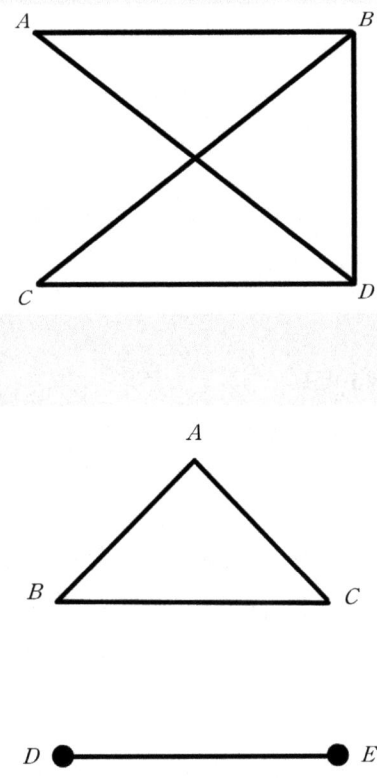

이 그래프에서 B와 D 사이에는 간선이 없으므로 B에서 D로 간선을 통해 갈 수 없다. 그러므로 이 그래프는 연결그래프가 아니다.

이번에는 루프(loop)에 대해 알아보자. 다음 그림을 보자.

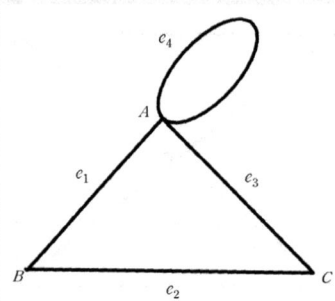

이 그래프의 위수는 3이고

$$E(G) = \{e_1, e_2, e_3, e_4\}$$

이다. e_4는 빙글 돌아 제자리로 오는데 이것도 간선이다. 이것은 정점 A와 정점 A 사이의 간선인데 이렇게 제자리로 돌아오는 간선을 루프라고 부른다.

이번에는 워크(walk)와 트레일(trail)과 경로(path)에 대해 알아보자. 다음 그래프를 통해 이 세 용어의 차이를 알아보자.

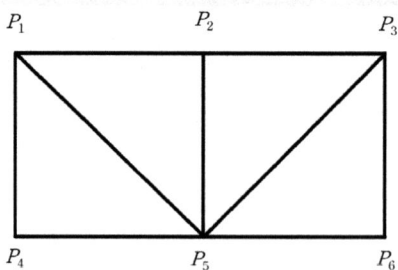

이 그래프 G는 여섯 개의 정점 $P_1, P_2, P_3, P_4, P_5, P_6$을 가지고 있다. 이 그래프에서 앞으로 두 정점 P_i와 P_j 사이의 간선을 e_{ij}라고 하자. 이제 다음과 같이 이동해보자. 정점과 정점을 이동하려면 두 정점 사이의 간선을 지나야 한다. 다음과 같이 이동하는 경우를 생각해보자.

$$(P_4, P_1, P_2, P_5, P_1, P_2, P_3, P_6)$$

이 경우를 정점 P_4에서 정점 P_6로의 워크라고 부른다. 여기서 정점 P_1이나 P_2는 두 번을 지났고 간선 e_{12}도 두 번 지났다는 것을 알 수 있다. 하지만 워크는 두 개의 서로 다른 정점 사이에 정점-간선-정점-간선- 이런 식으로 이어지면 된다. 이때 간선의 수를 워크의 길이라고 부른다.

워크 중에서 특별한 경우가 트레일과 경로가 된다. 트레일은 간선이 중복되지 않는 경우를 말한다. 다음과 같은 배열이 트레일이다.

$$(P_4, P_1, P_5, P_2, P_3, P_5, P_6)$$

트레일은 간선만 중복 안 되면 된다. 반대로 경로는 정점이 중복되지 않는 배열을 말한다. 예를 들면

$$(P_4, P_1, P_5, P_3, P_6)$$

은 경로이다. 시작하는 정점과 도착하는 정점이 같은 경로를 사이클(cycle)이라고 부른다. 이때 사이클의 간선의 수를 길이라고 하는데 길이가 k인 사

이클을 k-사이클이라고 부른다.

프로이센의 쾨니히스베르크(현재 러시아 칼리닌그라드)에는 강이 있고 강으로 둘러싸인 섬이 하나 있다. 섬을 잇는 다리가 7개가 있는데 사람들 가운데 운동이나 산책을 하면서 이 다리들을 모두 한 번씩만 건너서 출발한 곳으로 다시 돌아오려고 하는 사람들이 있었다. 하지만 아무리 시도해도 그런 경로는 찾을 수가 없었다. 이 문제를 해결한 사람이 오일러이다. 1736년 오일러는 그런 경로는 불가능하다는 사실을 증명했다.

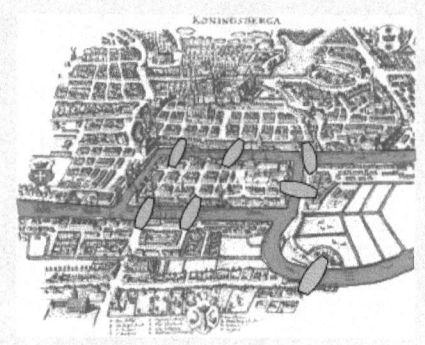

이 그림을 다시 그리면 다음과 같다.

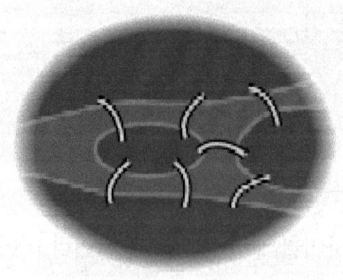

오일러는 이 그림을 다음과 같이 그래프로 그렸다.

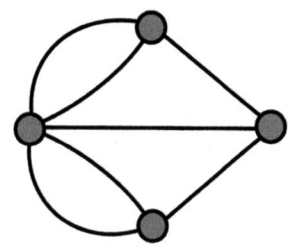

먼저 오일러 트레일을 알아보자. 연결 그래프 G의 모든 간선을 지나가는 트레일을 오일러 트레일이라고 부른다. 다음 그래프를 보자.

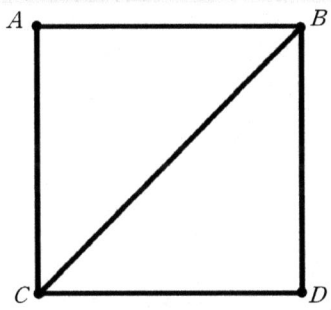

이 그래프에는 다음과 같은 오일러 트레일이 존재한다.

(B, A, D, B, C, D)

이 그래프의 정점 중에서 짝수 차수를 가진 정점을 짝수점이라고 하고 홀수 차수를 가진 정점을 홀수점이라고 한다. 이 그래프에는 홀수점이 2개이다. 이번에는 다음 그래프를 보자.

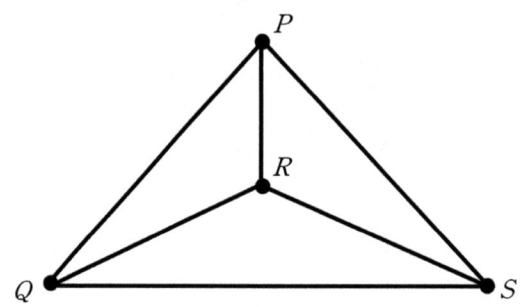

이 그래프에는 홀수점이 4개이고 오일러 트레일은 존재하지 않는다. 오일러 트레일 중에서 시작점과 도착점이 같은 경우를 오일러 사이클 또는 오일러 투어라고 부른다. 다음 연결 그래프를 보자.

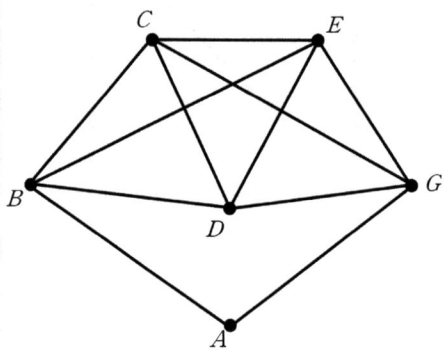

이 그래프에는 다음과 같은 오일러 투어가 있다.

$$(A, B, C, D, B, E, C, G, D, E, G, A)$$

이 그래프의 홀수점의 개수는 0개이다. 여기서 다음 정리가 성립한다.

[정리1]
연결그래프의 홀수점의 개수가 0개이면 오일러 투어가 존재한다.

간단하게 증명해보자. 오일러 투어가 정점 v에서 시작된다고 하자. 이때 오일러 투어

$$(v, v_1, v_2, \cdots, v_n, v)$$

를 생각해보자. 정점 $v_1, v_2, \cdots, v_n$은 다른 정점들과 간선에 의해 연결되어 있다. 즉 정점으로 들어오는 간선과 나가는 간선들로 이루어져 있으므로 이들 정점에서의 간선의 개수는 짝수개가 된다. 그러므로 오일러 투어속의 모든 정점은 짝수점이 된다. 즉 홀수점의 개수는 0이 된다. 이번에는 오일러 트레일이 되기 위한 조건을 찾아 보자.

[정리2]
연결그래프의 홀수점의 개수가 2개이면 오일러 트레일이 존재한다. 이때 오일러 트레일은 홀수점에서 시작해 다른 홀수점에서 끝난다.

예를 들어 다음 그래프를 보자.

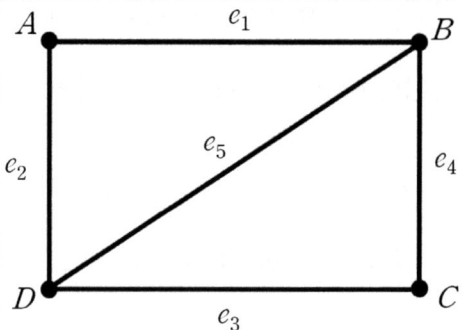

이 그래프는 홀수점이 두 개다. 여기서 홀수점과 홀수점 사이의 간선은 e_5 이다. 이제 두 홀수 점 사이에 간선을 하나 더 그리고 그 간선을 e_6 라고 하자.

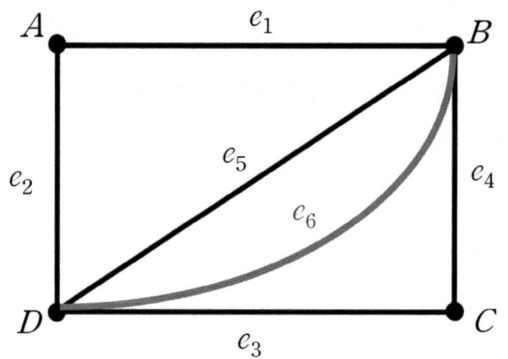

이렇게 변형된 그래프는 이제 홀수점이 없다. 그러므로 [정리1]에 의해, 다음과 같은 오일러 투어가 존재한다.

$$(B, e_1, A, e_2, D, e_5, B, e_4, C, e_3, D, e_6, B)$$

이 오일러 투어에서는 각 간선이 한 번씩만 사용된다. 그러므로 이 오일러 투어의 일부분인 트레일

$$(B, e_1, A, e_2, D, e_5, B, e_4, C, e_3, D)$$

에서도 각 간선은 한 번씩만 사용된다. 그러므로 이 트레일은 오일러 트레일이다. 즉, 오일러 트레일과 오일러 투어는 한 붓 그리기가 가능하다는 것을 의미한다. 그러므로 그래프가 한 붓 그리기가 가능하기 위해서는 홀수점의 개수가 0개 이거나 2개이어야 한다. 어떤 그래프가 오일러 트레일이나 오일러 투어가 될 때 그 그래프를 오일러 그래프라고 부른다.

이제 다시 쾨니히스베르크 문제를 보자.

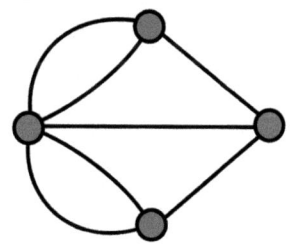

이 그래프의 홀수점의 개수는 4개이므로 이 그래프는 한 붓 그리기가 불가능하다. 즉 오일러 트레일도 오일러 투어도 없다.

이제 해밀턴이 그래프 이론에서 찾아낸 해밀턴 경로와 해밀턴 사이클을 알아보자. 해밀턴 경로란 그래프에 있는 간선은 모두 지나지 않지만 정점은 한 번씩만 통과해 모두 지나면서 출발한 점과 도착한 점이 다른 경로를 말한다. 해밀턴 사이클이란 그래프에 있는 간선은 모두 지나지 않지만 정점은 한 번씩만 통과해 모두 지나면서 출발한 점과 도착한 점이 같은 경로를 말한다. 즉, 해밀턴경로에서 출발한 점과 도착한 점이 같으면 해밀턴 사이클이 된다.

다음 그래프를 보자.

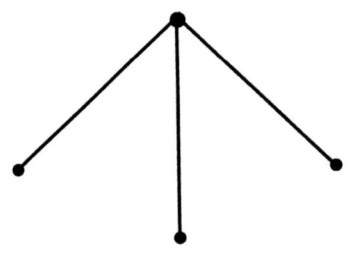

이 그래프는 해밀턴 경로도 해밀턴 사이클도 갖지 않는다. 다음 그래프를 보자.

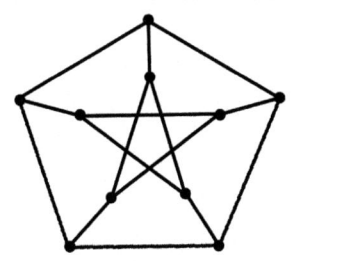 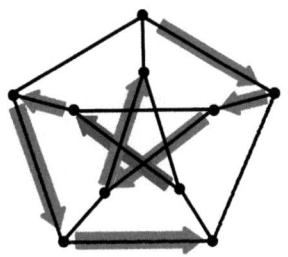

이 그래프는 해밀턴 경로는 갖지만 해밀턴 사이클을 갖지 않는다. 이번에는 다음 그림을 보자.

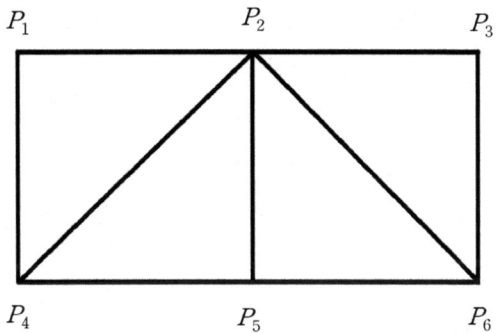

이 그래프는 오일러 그래프가 아니다. 하지만 해밀톤 사이클

$$(P_1, P_2, P_3, P_6, P_5, P_4, P_1)$$

을 갖는다

8-4 그라스만의 벡터공간

이번에는 벡터 공간에 대한 연구를 한 그라스만의 이야기를 해보자.

(Hermann Grassmann 1809 - 1877 독일)

그라스만의 어머니는 장관의 딸이었고, 그라스만의 아버지는 장관을 지내다가 슈테틴 김나지움의 교사가 되어 수학과 물리학을 가르쳤다. 1827년 그라스만은 베를린 대학교에서 신학과 고전 학문을 공부한 후 교회에서 일자리를 얻었다.

그라스만은 교사가 되기 위해 밀물과 썰물에 관한 논문을 썼고 이를 위해 라플라스의 천체역학을 공부했다. 1844년 그는 '선형연장이론, Die lineale Ausdehnungslehre, ein neuer Zweig der Mathematik'이라는 논문을 발표했다. 이 내용은 1862년에 '연장이론, Die Ausdehnungslehre'이라는 제목으로 출판되었다. 이 책에서 그라스만은 벡터 공간의 개념과 선형의 개념을 도입했다. 또한 그는 3차원보다 더 높은 차원에서의 벡터에 대해서도 다루었다.

그라스만의 벡터공간을 알기 위해서는 체(Field)에 관해 조금 알 필요가 있다. 체 F는 다음과 같은 조건을 만족하는 집합이다.

1) 체 F의 임의의 원소 a에 대해 $a+0=a$를 만족하는 0가 체 F속에 있다.

2) 체 F의 임의의 원소 a에 대해 $a \times 1 = a$를 만족하는 1이 체 F속에 있다.

3) 체 F의 각 원소 u에 대해 $u+(-u)-0$인 $-u$가 체 F속에 있다.

4) 체 F의 각 원소 a에 대해 $a \times a^{-1} = 1$인 a^{-1}이 체 F속에 있다.

이때 F가 수집합이면 이 체를 수체라고 부른다. 예를 들어 자연수의 집합은 0이 없으므로 체를 이루지 않는다. 정수의 집합은 $2 \times a^{-1} = 1$ 인 a^{-1}이 존재하지 않으므로 역시 체를 이루지 않는다. 0으로 나누는 것을 금지한다면 유리수의 집합이나 실수의 집합은 체를 이룬다.

그라스만은 체를 이용하여 일반적인 벡터와 벡터공간을 정의할 수 있었다. 그라스만은 다음과 같은 성질을 만족하는 집합 V를 체 F 위에서의 벡터공간이라고 정의했다.

1) $\vec{a} + (\vec{b} + \vec{c}) = (\vec{a} + \vec{b}) + \vec{c}$

2) $\vec{a} + \vec{b} = \vec{b} + \vec{a}$

3) 집합 V의 모든 원소 $\vec{v}$에 대해서 $\vec{v} + \vec{0} = \vec{v}$인 $\vec{0}$가 집합 V에 속한다.

4) 집합 V의 모든 원소 $\vec{v}$에 대해서 $\vec{v} + (-\vec{v}) = \vec{0}$인 $-\vec{v}$가 집합 V에 속한다.

5) 체 F의 원소 k, m에 대해 다음이 성립한다.

$$k(m\vec{v}) = (km)\vec{v}$$

6) 체 F의 원소 k에 대해 다음이 성립한다.

$$k(\vec{u}+\vec{v}) = k\vec{u} + k\vec{v}$$

7) 체 F의 원소 k, m에 대해 다음이 성립한다.

$$(k+m)\vec{v} = k\vec{v} + m\vec{v}$$

여기서 $\vec{a}, \vec{b}, \vec{c}, \vec{u}, \vec{v}$ 등은 집합 V의 원소이다. 그라스만은 벡터공간의 원소를 벡터라고 불렀다.

8-5 실베스터, 행렬의 발견

이번에는 수학자 실베스터에 대해 알아보자.

(James Joseph Sylvester   1814 - 1897 영국)

실베스터는 1814년 런던에서 유대인 상인의 아들로 태어났다. 실베스터는 14살에 런던 대학교에 입학해 유명한 수학자 드 모르간에게 수학을 배였지만 동료를 폭행한 혐의로 대학에서 제적되었다. 그 후 실베스터는 1831년에 케임브리지의 세인트 존스 칼리지에 입학해 수학을 공부했다. 1838년 실베스터는 런던대학교의 자연철학 교수가 되었다.

1841년 실베스터는 미국 버지니아 대학교의 수학 교수가 되었지만 4개월도 채 못 되어 그만두었다. 실베스터는 강의 도중에 신문을 펼쳐 읽으면서 자신의 수업을 모욕한 학생에게 폭력을 행사했고 이 일로 교수직을 그만 두었다.

영국으로 다시 돌아온 실베스터는 1844년 Equity and Law Life Assurance Society라는 보험회사에 입사해 보험 관련 수학을 연구했다. 1855년 실베스터는 울위치에 있는 왕립 육군 사관학교의 수학 교수가 되었다.

실베스터는 시를 좋아했다. 그는 프랑스어, 독일어, 이탈리아어, 라틴어 및 그리스 어로 쓰여진 시들을 번역했고, 시의 운율에 대한 일련의 법칙을 체계화하려고 시도한 <The Laws of Verse>라는 제목의 책을 출간했다.

1876년 실베스터는 다시 대서양을 건너 미국 메릴랜드 주 볼티모어에 새로 생긴 존스 홉킨스 대학의 초대 수학 교수가 되었고, 1878년에 <American Journal of Mathematics>를 창간했다. 1883년에 실베스터는 영국으로 돌아와 옥스퍼드 대학의 기하학 교수가 되었다.

1850년 실베스터는 수들이 직사각형 모양으로 배열된 행렬을 처음 도입했다8). 실베스터는 다음 모양과 같이 괄호 안에 직사각형 모양으로 수를 배열하여 행렬을 만들었다. 예를 들어 다음 두 행렬을 보자.

$$A = \begin{pmatrix} 2 & 4 & 8 & 7 \\ 1 & 2 & 6 & 2 \end{pmatrix}$$

$$B = \begin{pmatrix} 1 & 2 \\ 3 & 4 \end{pmatrix}$$

행렬 A는 2줄과 4칸으로 이루어져 있는데 이것을 2×4 행렬이라고 부른다. 마찬가지로 B는 2×2 행렬이다. 이때 줄의 수를 행의 수라고 하고 칸의 수를 열의 수라고 부른다. 일반적으로 행렬 A의 제 i행 제 j열 원소를 a_{ij}로 나타낸다.

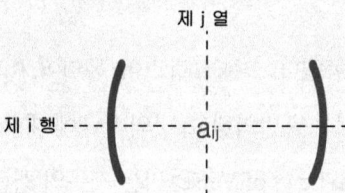

[위 그림에서 a_{ij}를 a_{ij}로 바꾸세요]

---

8) 행렬이라는 이름은 5년 후 실베스터의 친구인 케일리가 처음 사용했다.

실베스터는 일반적으로 m행과 n열로 이루어진 행렬을 생각했고 그 행렬을 $m \times n$ 행렬이라고 불렀다.

실베스터는 두 행렬이 같은 $m \times n$ 행렬이면 더하거나 뺄 수 있고 그 결과는 $m \times n$ 행렬이 된다고 정의했다. 예를 들어 다음 두 행렬을 보자.

$$A = \begin{pmatrix} a_{11} & a_{12} \\ a_{21} & a_{22} \end{pmatrix}, B = \begin{pmatrix} b_{11} & b_{12} \\ b_{21} & b_{22} \end{pmatrix}$$

두 행렬은 모두 2×2 행렬으로 같으므로 두 행렬의 덧셈과 뺄셈이 정의되는데 다음과 같다.

$$A + B = \begin{pmatrix} a_{11} + b_{11} & a_{12} + b_{12} \\ a_{21} + b_{21} & a_{22} + b_{22} \end{pmatrix}$$

$$A - B = \begin{pmatrix} a_{11} - b_{11} & a_{12} - b_{12} \\ a_{21} - b_{21} & a_{22} - b_{22} \end{pmatrix}$$

실베스터는 주어진 행렬 A의 k배를 kA라고 쓰면 kA의 i행 j열 원소는 행렬 A의 i행 j열 원소의 k배가 된다고 약속했다. 예를 들어

$$kA = \begin{pmatrix} ka_{11} & ka_{12} \\ ka_{21} & ka_{22} \end{pmatrix}$$

로 정의된다.

실베스터는 두 행렬의 곱셈을 생각했다. 두 행렬 A, B에 대해 두 행렬의 곱셈은 항상 정의되는 것이 아니라 A가 $m \times n$ 행렬이고 B가 $n \times p$ 행렬일 때만 AB가 정의되며, 이때 AB는 $m \times p$ 행렬이 된다. A의 i행 j열 원소를 a_{ij}라고 하면

$$i = 1, 2, \cdots, m$$

$$j = 1, 2, \cdots, n$$

이 된다. B의 i행 j열 원소를 b_{ij}라고 하면

$$i = 1, 2, \cdots, n$$

$$j = 1, 2, \cdots, p$$

이 된다. 이때 AB의 i행 j열 원소를 $(AB)_{ij}$라고 하면,

$$(AB)_{ij} = \sum_{k=1}^{n} a_{ik} b_{kj}$$

로 정의된다.

예를 들어, 다음 두 정사각행렬을 보자.

$$A = \begin{pmatrix} a_{11} & a_{12} \\ a_{21} & a_{22} \end{pmatrix}, B = \begin{pmatrix} b_{11} & b_{12} \\ b_{21} & b_{22} \end{pmatrix}$$

두 행렬은 모두 2×2 행렬이니까 AB가 정의된다. 두 행렬의 곱을 구하면

$$AB = \begin{pmatrix} a_{11}b_{11} + a_{12}b_{21} & a_{11}b_{12} + a_{12}b_{22} \\ a_{21}b_{11} + a_{22}b_{21} & a_{21}b_{12} + a_{22}b_{22} \end{pmatrix}$$

이다. 즉,

$$(AB)_{11} = a_{11}b_{11} + a_{12}b_{21}$$

$$(AB)_{12} = a_{11}b_{12} + a_{12}b_{22}$$

$$(AB)_{21} = a_{21}b_{12} + a_{22}b_{21}$$

$$(AB)_{22} = a_{21}b_{12} + a_{22}b_{22}$$

또는

$$(AB)_{11} = a_{11}b_{11} + a_{12}b_{21} = \sum_{l=1}^{2} a_{1l}b_{l1}$$

$$(AB)_{12} = a_{11}b_{12} + a_{12}b_{22} = \sum_{l=1}^{2} a_{1l}b_{l2}$$

$$(AB)_{21} = a_{21}b_{12} + a_{22}b_{21} = \sum_{l=1}^{2} a_{2l}b_{l1}$$

$$(AB)_{22} = a_{21}b_{12} + a_{22}b_{22} = \sum_{l=1}^{2} a_{2l}b_{l2}$$

이 된다.

다음 두 행렬을 보자.

$$A = \begin{pmatrix} 1 & 4 \\ 2 & 3 \end{pmatrix} \quad B = \begin{pmatrix} -1 & 2 \\ 0 & 4 \end{pmatrix}$$

이때

$$AB = \begin{pmatrix} -1 & 18 \\ -2 & 16 \end{pmatrix}$$

이고,

$$BA = \begin{pmatrix} 3 & 2 \\ 8 & 12 \end{pmatrix}$$

이다. 두 결과를 비교하면 $AB \neq BA$가 된다. 즉, 일반적으로 행렬의 곱은 교환법칙을 만족하지 않는다.

대각행렬 중에서 대각성분이 모두 같은 수일 때 이 행렬을 스칼라 행렬이라고 부른다. 스칼라 행렬 중에서 대각성분이 모두 1이면 단위행렬이라고 부르고 I라고 쓴다.

행렬 A, B, C에 대해 다음이 성립한다.

(1) $(kA)B = k(AB)$

(2) $A(BC) = (AB)C$ (결합)

(3) $A(B+C) = AB + AC$ (분배)

(4) $C(A+B) = CA + CB$ (분배)

8-6 불의 불 대수 발견

이제 불 대수로 유명한 불에 대해 알아보자.

(George Boole 1815 - 1864 영국)

불은 영국 잉글랜드 링컨셔주 링컨에서 태어났다. 불의 아버지는 구두를 만드는 사람이었지만 여러 나라의 언어를 공부했고 수학과 과학을 공부했다. 불의 아버지는 불에게 수학과 과학을 가르쳤다. 불은 빈민 자녀들을 위한 내셔널 스쿨에서 초등교육을 받았다. 불은 16세부터 4년 동안 초등학교의 보조 교사를 했고, 20세 때부터는 혼자 수학을 공부했다. 그는 라플라스의 《천체역학》, 라그랑주의 《해석역학》을 독학했다. 불은 1841년 처음으로 대수적 불변식론의 기초를 닦은 논문을 발표했다. 그는 이를 《케임브리지 수학잡지》에 기고했고, 이 업적으로 그는 1849년 영국 퀸스 칼리지의 수학 교수가 되었다.

불의 가장 유명한 업적은 기호논리학과 논리대수로 현재 불 대수라고 불리는 내용이다. 그의 연구는 《논리와 확률의 수학적 기초를 이루는 사고 법칙 연구 An investigation into the laws of thought on which are founded the mathematical theories of logic and probabilities》 (1854)라는 책에 자세히 서술되어 있다.

불 대수를 이해하기 위해 우선 진리값에 대해 알아보자. 진리값은 명제의 내용이 참인지 거짓인지를 나타내는 값이다. 어떤 변수가 진리값을 가질 때 그 변수를 논리변수라고 부른다. 즉 x가 논리변수라면

$$x = 참$$

또는

$$x = 거짓$$

이다. 이제 '부정'에 대해 알아보자. 부정은 참을 거짓으로 거짓을 참으로 바꾸는 논리연산이다. 논리변수 x에 대한 부정을

$$\bar{x}$$

라고 쓴다. 그러므로

$$x = 참 \text{이면} \qquad \bar{x} = 거짓$$

$x = $ 거짓 이면 $\bar{x} = $ 참

이다.

불은 논리변수에 대해서도 덧셈 곱셈 같은 연산을 만들었는데 논리합과 논리곱이라고 부른다. 이 연산은 두 개의 논리변수에 대해 정의된다. 논리곱은 두 논리변수가 모두 참일 때만 참이 되고 그 외의 경우는 거짓이 되는 연산이다. 두 논리변수를 x, y라고 할 때 논리곱은 $x \wedge y$으로 표시한다. 논리곱의 진리값은 다음과 같다.

x	y	$x \wedge y$
참	참	참
참	거짓	거짓
거짓	참	거짓
거짓	거짓	거짓

논리합은 두 논리변수가 모두 거짓일 때만 거짓이 되고 그 외의 경우는 참이 되는 연산이다. 즉, 두 논리변수 중에 참이 적어도 하나 있으면 논리합은 참이다. 두 논리변수 x, y의 논리합은 $x \vee y$로 나타내며 다음과 같이 정의된다.

x	y	$x \vee y$
참	참	참
참	거짓	참
거짓	참	참
거짓	거짓	거짓